新　潮　文　庫

たけしの面白科学者図鑑

—ヘンな生き物がいっぱい！—

ビートたけし著

新　潮　社　版

10650

まえがき

『たけしの面白科学者図鑑』は、「新潮45」誌上の連載〈達人対談〉で、おいらが出会った科学者たちとの対談をまとめたものだ。そのなかでも、この巻『ヘンな生き物がいっぱい！』には、シロアリからダイオウイカまで、ちょっと変わった生物にまつわる研究をしてきた先生の話を集めたんだ。

おいらは数学が大好きだけど、まさか数学者チューリングの理論が、魚の縞《しま》模様の解明につながるなんて、思ってもみなかったなあ。ネムリユスリカをこの対談ではじめて知ったけれど、放射線や高温でも死なない生き物がいるなんて、本当にびっくりしたよ。ゴリラとかカラスとか、なんとなく知っているつもりだった動物の生態も、研究者によれば実は意外なことだらけで、まるで未知の生物の話を聞いているみたいだった。

でも、一番驚いたのはやっぱり、科学者たちの変人ぶりだったね。そもそもなぜダニやウナギの研究をすることになったのか、という話を聞いているだけで本当に面白い。好きなことをやって、生活ができて、その研究がもしかしたら社会貢献にもつながるかもしれないなんて、科学者って本当に幸せな人たちだと思う。おいらも憧《あこが》れちゃうなあ。

奇妙な生き物の話は、誰もが興味津々。この本からは「あのさ、粘菌って知ってる？」「オオカミって実はね」なんて雑談のネタもたっぷり仕入れられる。オネエちゃんに披露したら、きっとモテちゃうよ（笑）。

目次

まえがき　3

File.01 ゴリラ
ゴリラから人間関係を学ぶ　山極寿一　11

File.02 シロアリ
シロアリ王国は巨大ハーレムだった　松浦健二　35

File.03 ウナギ
ウナギの産卵場所をつきとめろ　塚本勝巳　61

File.04 ネムリユスリカ
乾燥すれば不死身！　最強の生物がいた　黄川田隆洋　85

File.05 ダイオウイカ
深海に潜む巨大イカの生態に迫れ　窪寺恒己　111

File.06 シマ模様
シマウマの縞はなぜできるのか？ 近藤滋 135

File.07 ダニ
ダニって意外にかわいいね 島野智之 161

File.08 オオカミ
オオカミ復活で生態系を取り戻せ 丸山直樹 187

File.09 粘菌
単細胞だってナメるなよ 中垣俊之 213

File.10 カラス
カラス研究者の奇妙な日常 松原始 237

写真　窪田誠

たけしの面白科学者図鑑
―ヘンな生き物がいっぱい！―

file.01

ゴリラから
人間関係を学ぶ

ゴリラの達人

山極《やまぎわ》 寿一《じゅいち》

１９５２年東京都生まれ。京都大学大学院理学研究科教授。京都大学大学院理学研究科博士課程修了。78年からアフリカ各地でゴリラの野外研究を行っている。著書に『ゴリラ』（東京大学出版会）、『野生のゴリラと再会する』（くもん出版）など多数。

ゴリラから人間関係を学ぶったって、
おいらはゴリラの言葉をしゃべれない。
何、ゴリラと仲良くなる極意があるって？
それを先に言えよ、コノヤロー！

初めてゴリラに認められた日

たけし　先生は東京生まれの人なのに、大学は京都大学の理学部でしょう。おいらより五歳下だけど、おいらが高校時代には、東京から京都の大学に行くなんてことは思いつかなかった。どうして京大に行こうと思ったんですか。

山極　当時、京大はノーベル賞の湯川秀樹《ひでき》先生がいらっしゃった理学部物理学科が有名だったのですが、一方で今西錦司《きんじ》という先生がいて「探検大学」としても名を売っていたんです。今西先生という人は、初めは山登りのアルピニストとして名をはせた。ところが山登りや探検だけでは研究費を集められないから、学者を引きつれた「学術探検隊」を組織して、山やアフリカに出かけて行ったりしていた。

たけし　今西先生といえば、日本の霊長類研究の創始者ですよね。先生は高校のときからそちらの方面へ行こうと思っていたんですか。

山極　いえ。実は僕は湯川先生に憧《あこが》れて、理学部に入って最初は純粋に物理学をやろうと思っていたんです。でも、高校時代に高校紛争に関わってしまったものだから、物理より人間が知りたくなった（笑）。東京の人はみんなペダンチックだから、昔の学者がこう言った、ああ言ったと、侃々諤々《かんかんがくがく》やれる。ところが、京都大学では、「人間を知るためには、人間以外のものから人間を見つめないと、人間の定義はできん」と言っている先生方がいた。それを聞いて、僕も「そうかもしれないな」と思ったわけです。

たけし　さきほどの今西先生以下、京大で霊長類を研究している先生方がいらしたわけだ。そうすると、ゴリラに興味を持つようになったのはいつ頃からなんですか。

山極　僕も最初はニホンザルの研究をしていました。大学時代にスキー部に所属していて、長野県の志賀高原で練習をしていたら、そこにサルがいた。京大の研究者が観察に来ているというので、「これは面白そうだな」と思って興味を持ったんです。大学三年、四年の卒業研究では、ニホンザルをテーマに選びました。大学院でも最初の二年間はニホンザルを研究していたのですが、だんだん人間に近い類人猿をやりたくなって、それで動物園にゴリラを見にいったら、感激してしまった。ゴリラというのは人間を超えているなと思ったんです。サルでもチンパンジーでも何となくコセコセしているじゃないですか。ゴリラはそれまで見てきたサルや類人猿とは全く違ったんです。

たけし　なんかゴリラは哲学者然としていますよね。

山極　ゴリラというのは、後の研究で分かったのですが、人間以外の動物で唯一《ゆいいっ》人間をペットにできるんです。

たけし　えっ、それはどういうことですか。

山極　例えば、アメリカに「ココ」という名のメスの大きなゴリラがいて、心理学者と一緒に暮らしている。ココは猫が大好きで、何匹もの猫を飼っているんです。ゴリラは相手のことを理解して、相手に合わせることができるんです。鷹揚《おうよう》で包容力がすごくある。ですから、ゴリラは我々観察者をペットのような存在として扱えるんですね。

たけし　先生は二十代後半に、アフリカに行って研究者としてゴリラの人付け（ゴリラの動作や声を真似《まね》て、ゴリラを人に馴《な》らすこと）を経験している。いきなり未開地に放り込まれて、後は全部自分自身でやっていかなきゃいけないことを、京都大学のフィールドワークでは「子捨て」というんですね（笑）。捨てられた方は大変ですよね。

山極　今でも二十代の大学院生をアフリカの奥地にポンと置いて、「じゃあ、またね」と（笑）。そこで言葉から習慣から、何から何まで全部覚えないといけない。フィールドワークというと、自然を相手にしていると思うかもしれませんが、実は人間を相手にしているんです。地元の人間と上手《うま》くつき合えるようにならないと、自分が見たいものも見られないし、思いもしないものにも出会えない。

たけし　おいらが大学中退して、いきなり浅草のフランス座に入ったときも大変でしたよ。ストリッパーもコメディアンも、危なそうなアンちゃんも出入りしている。その中で一番偉いのが看板になっている踊り子さんなんですね。彼女が出前を取って「たけちゃん、これ食べな」と言った瞬間に、ストリッパー全員がおいらを認めてくれて、空気が変わってしまうんです（笑）。

山極　それはまさに僕がゴリラの群の中に入って、彼らの一挙手一投足を一生懸命に見て真似ながら、小突かれていたころとほとんど一緒ですよ。ゴリラの声もちゃんと出せるようにして、彼らの行動を見よう見真似でやる。真似て、下手だったらゴリラは怒るんです。

たけし　「そこに座れ。おまえは俺たちと一緒にいて、何を見ていたんだ！」って(笑)。

山極　僕が最初に、ゴリラに認められたなと思えたのは、「パック」という名の百キロを超える大きなメスがいて、彼女がやってきて、僕の膝《ひざ》の上に背中を向けてどーんと腰を下ろした時。彼女は全然動かないんです。もがくこともできずに、仕方がないから、脇《わき》の辺りをくすぐったりしながら、三十分ぐらい、そのままの姿勢でいた(笑)。

たけし　向こうは発情期だったんじゃないですか(笑)。

山極　いえいえ、子どもがいたから大丈夫なんです。メスに、それも子持ちのメスにからかわれたというのは、ちょっとは認められたかなと思った瞬間だったんです。

ヒトとゴリラはかくも似ている

たけし　ＮＨＫで以前放送された番組（「ゴリラ先生ルワンダの森を行く」二〇〇九年三月二十六日放映）の中で、ゴリラが笑っているのを見て、驚いたんです。ゴリラの子どもが遊んでいるときに、先生が「笑っていますね」と解説する。確かによく見ると、笑っている。猿回しのサル（ニホンザル）は親方が「笑え」なんて言うと、歯をむき出しにして見せるだけで、笑っているようには見えない。でも、ゴリラの子どもは、遊びながら笑っているんだよね。ゴリラが笑うなんて全く知らなかったから、衝撃的だった。

山極　人間の笑いというのは、由来とすれば二つの系統があると言われています。一つは今、たけしさんが指摘されたニホンザルの歯をむき出した笑い。これはグリメイスと言って、相手を怖がっている証拠です。つまり、相手に対して媚《こ》びているわけです。「自分は弱いからこれ以上いじめないでください」という意味です。

たけし　人間で言うところの「追従笑い《ついしょう》」だね。

山極　もう一つはゴリラの楽しい笑いです。ゴリラはニホンザルのようなグリメイスはしない。ゴリラは、相手に対して常に対等以上の存在であり続けようとするんです。

たけし　だから、映画のキャラクターで使えるのはゴリラなんだね。ほかのサルだと表情がないから。

山極　確かにゴリラのキャラクターはユニークですね。ゴリラの一挙手一投足、特にオスの一挙手一投足は、いつもキマッている。一つ一つの動作に間があって、日本の歌舞伎《かぶき》や相撲取りの所作に非常に通じるところがあります。

たけし　歌舞伎では大見得《おおみえ》を切るときの目のことを「目千両」というけど、ゴリラも見得を切るんですか。

山極　見得を切るというのは、すごくゴリラのディスプレイ（自分を目立たせる行為）に似ている。ゴリラと人間は系統が近いですから、人間の男が格好いいと思ってやっている仕草がゴリラのオスの仕草と似ているのは当然なんです。相撲の土俵上の所作とゴリラのドラミング（胸を叩《たた》く行為、オスしかやらない）なんかそっくりですよ。相撲取りは塩をつかんで投げます。ゴリラはドラミングの前に草を引きちぎって投げるわけです。相撲取りは蹲踞《そんきょ》の姿勢を取って、柏手《かしわで》を打つ。ゴリラはその代わりにドラミングをする。そして、相撲では立ち合いのときに拳《こぶし》を土俵につきます。ゴリラもナックルウォーキング（拳で歩くこと）をして、肩を怒らせて相手を見る。相撲取りとゴリラの違いは、相撲の仕切りは相手とぶつかるためだけど、ゴリラのドラミングは、自分を誇示することで、相手との衝突を避けようとするための行動なんですね。

たけし　ところで、基本的な質問なんですが、ゴリラなどの類人猿は、他のサルとはどう違うんですか。

山極　遺伝的にDNAを解析すると、オランウータン、チンパンジー、ゴリラ、ヒトというのは「ヒト科」に属しています。ですから、類人猿は人間に非常に近い仲間なんです。それとサルは全然違います。

たけし　サルとはそんなに違うんですか。

山極　いろんな意味で、サルと類人猿の間で一線が引けます。さっき話が出た、強いものに対して笑うグリメイスという行為は、類人猿はほとんどしません。これは重要なことで、例えばトラブルが起こると、ニホンザルとかヒヒみたいなサルたちは、お互いに誰が強いか弱いかを見分けて、強いものに従うことで物事が解決するわけです。でも、ゴリラとかオランウータンはお互いに張り合っているから、勝者敗者が一瞬では決まりません。そこで二頭が争って解決するのではなく、第三者が介入して、いろいろやり取りしながら解決していくという、そちらの方法を取るんです。

また、ニホンザルと類人猿が違うのは、類人猿の場合、仕草として対面するコミュニケーションがすごく多くなります。人間の場合も、対面しながら話し合います。しかし、もし情報だけを伝達するんだったら、後ろ向いて話していても構わないわけじゃないですか。ニホンザルは決して向き合わない。なぜならば、顔を見つめると威嚇《いかく》になってしまうから、必ず弱いほうが顔を背けるわけです。

たけし　人間も、夫婦になると対面しなくなるけどね（笑）。

類人猿と人間が大きく違うところ

山極　チンパンジーやゴリラと人間は似ているところも多いのですが、最も違うところは何だと思いますか。

たけし　うーん、何だろう。

山極　それは人間が劇を作ることなんです。チンパンジーやゴリラは劇を見ても意味が分からない。その中に自分が入っていけない。劇中で、AとBという人間がいたとしたら、それぞれの行動を見ながら、どういう思惑で何をやろうとしているのか、我々は劇中の人物に共感しながら見るわけです。しかし、類人猿にはそれができないんです。

たけし　つまり、想像力とか空想力がないんですか。

山極　彼らは現実に起こっている事実からあまり離れられない。しかし、我々は現実から離れて、空想の中でドラマを作ることができるわけです。

たけし　人類の進化の過程で、最初は歌とか踊りをやっているうちに、脳が進化してきて、言葉が話せるようになって、それから芝居を作るようになったんですかね。

山極 言葉というのは、せいぜい数万年前ぐらいまでしか遡《さかのぼ》れないと言われています。それ以前の人間独自のコミュニケーションというのは、踊りとか歌とか、音楽だったでしょうね。誰かが川に行ってワニを見て帰ってきた後で、ワニの歌を歌ったり、ワニのそぶりをしたりする。それによって、ワニが怖いということが、話を聞かなくても人間は分かったのだと思う。でも、チンパンジーやゴリラは、仲間と一緒にワニを見なければ分からない。誰かが他の場所で体験してきたことを、何かの仕草や音声で伝えても、一緒に共感することはできない。そこが人間との大きな違いで、進化のどこかの時点で、人間は共感するためのコミュニケーションの方法を手に入れたんですね。

たけし 最近、人間でも共感できない奴《やつ》が増えている。

山極 僕の持論ですが、人間の社会性はものすごく生物学的な基礎によって作られています。何かというと、食べて、ウンコをすることです。食べてウンコをすることは、人間にとって訓練を要します。そこに人間の社会性が埋め込まれている。そもそも人間の身体《からだ》はサルと同じなわけですから、生まれたときはオシメをしないと垂れ流しになってしまう。例えばニホンザルを猿回しの人が飼おうとすると、ウンコのしつけをしなくちゃいけない。

たけし　たいていサルをペットで飼っている人は、サルにオムツをさせているよね。

山極　なぜサルがあたり構わずウンコをするかというと、サルは植物と共進化をしてきたからです。植物は動けないから、誰かに食べてもらって種を蒔《ま》いてもらわないといけない。そのために美味《おい》しい果実をつける。サルはそれを食べてまんまと植物の戦略にはまって、排泄《はいせつ》とともに種をあたり構わずばら蒔くわけです。人間の場合は定住生活をするようになって、衛生的に暮らすために、決まった場所にウンコをする訓練が必要になったのです。

もう一つは食べるということ。サルの場合は、仲間と一緒に食べることはありえません。対面してしまうと喧嘩《けんか》になってしまうから、必ず優劣を決めて、強いサルだけがうまいものを食う。ゴリラは採食場所を譲ることがありますが、人間の場合はさらに進んで、わざわざ食物を集めてきて、みんなで一緒に食べることを始めた。人間の社会性というのは、一緒に食べることをしながら、相手と気持ちを通じ合わせることで養われてきたんだと思うのです。

たけし　世界中、どこでも「個食」の文化はないものね。

山極　みんなと一緒に食べることと、トイレでウンコをすることが当たり前のことに思えるのは、子どものときから強制的に躾《しつ》けられているからなんです。でも、子どものときに体験してなければ、なかなかできない。ちょっと前に新聞で読んだのですが、みんなと一緒に食堂で食べられないので、かわいそうにトイレの中で食べている東大生がいるという。

たけし　いわゆる「便所食」ですね。

山極　ええ。そういうふうになってしまう。みんなと一緒に食事をすることは、共感を育てていると思うんです。共感を育てるというのは二つルートがあって、一つは、本来は喧嘩の元になるはずの美味しい食物を一緒に食いながら、こいつと仲良くやれば後で何かお返しをくれるかもしれないとか、こいつはこれが好きだったよなとか、いろいろ思いをめぐらしながら食べるということです。

それから、もう一つが真似です。真似することが共感を育《はぐく》む大きな要素だと思います。人間は真似上手なんです。サルマネという言葉がありますが、サルは真似を出来ません。でも、人間はかんたんに真似が出来てしまうんです。

たけし　確かに、普段の生活でも「今度、飯食おう」というのは、「一緒にうち解けよう」という意味に近い。だから、よく「一緒に飯食った仲」と言うけれど、あれは「友だちになった」ということと同義だよね。

山極　今の若い人たちは、上司から「一緒に食べに行こう」と誘われると、「面倒くさいな」と思うらしい。気の合った者同士で和気藹々《わきあいあい》と食べたい。でも、そればかりでは、相手の気持ちを察し、自分の考えを伝えるという機会をみすみす逃がしてしまうことになりかねません。

ゴリラに学ぶ理想の父親像

たけし　ところで、NHKの番組ではゴリラの鼻の中心のところにある「鼻紋《びもん》」と呼ばれる皺《しわ》で個体識別すると説明されていましたが、あれで完全に分かるものですか。
山極　初めはもちろん顔の傷とか鼻の皺で見分けるのだけど、そのうち後ろ姿を見ただけで分かるようになります。人間だって、後ろ姿だけで分かるじゃないですか。
たけし　ゴリラのオスは成長すると、後ろ姿が印象的。背中が白くなってシルバーバックと呼ばれるでしょう。ゴリラは白いほど強そうとか、何か意味があるんですか。
山極　やっぱり一番たくましい時期にあるオスというのは鮮やかな白い色をしています。だんだん年を取ると腰のほうまで白くなっていく。メスから格好いいオスだと認めてもらうために、背中が白くなるとこれまで思われてきたのですが、僕は違うような気がするんです。

だって、年を取って生殖能力が低下してからも、白い色は失われずに、むしろ白い部分が大きくなるんですよ。これはメスよりも、子どもを惹《ひ》き付けるためじゃないかと思います。ゴリラの集団は、一頭のオスと複数のメスからなります。母親は生まれたばかりの子どもは手放しませんが、二歳ぐらいからシルバーバックに子育てをバトンタッチする。子どもも最初は不安がっていますが、やがて白いシルバーバックの背中の後ばかりをついて歩くようになる。白い背中は子どもにとっては安全の印ではないかと。

たけし　テレビでも映していたけれど、メスがシルバーバックのところに子どもを置いて、自分の餌《えさ》を探しに行く光景は、見ていて興味深かったですね。

山極　あれはメスがオスを試しているんです。メスにとってオスの一番大事な資質というのは、子どもを預けられる能力があるかどうか。子どもをシルバーバックの横にポンと預けておいて、自分は少し離れながらそっと様子を見ている。それで、子どもとオスが上手いことつき合えるようになると、だんだん子どもと距離を置くようになる。

たけし　そこが面白いところですよね。

山極　ゴリラのオスが立派だと思うのは、子どもがじゃれて頭を叩いたり、背中を蹴《け》ったりしても、微動だにしないことです。あれはすごいと思います。要するに、子どもにとって一番頼りがいのある保護者というのは、どんなことがあっても動じないことなんです。それでいて、子どもに何か危険なことがあると、すごく素早く動くんですよ。

しかも、ゴリラのオスは成長してくると、喉《のど》から胸にかけて共鳴袋という袋が発達してきて、太くて大きな声を出せるようになる。メスは袋が発達しないからそんなに低い声は出せない。オスの低い声と大きな声というのは、子どもに対して圧倒的な制止力と安心感を与えているようです。

たけし　最近のアニメなんかでも、山の神とか宇宙の創造主のような声は、たいてい太い声にするね。何か安心させるような周波数というのがあるのかもしれない。

山極　あと、人間でも年を取るに従って体型が変わるでしょう。ゴリラも年を取ってくると、おなかが出てくるんです。あれは背中の白いのと一緒で、どっしりとしていると子どもに安心感を与える効果があると思っています。

子どもは乳離れした後は、父親に付いて歩くようになるから、メスは次の繁殖の準備ができるし、時には子どもを置いて集団を変えることもできるわけです。

たけし　ゴリラはメスが集団を変えるというのも面白い。ニホンザルだとメスは集団を変えないでしょう。

山極　実は人間に近い類人猿というのは非母系社会で、みんなメスが集団を変えるんです。つまり、メスが思春期以降、群から自立して、自分で選んだオスやメスとの間で繁殖生活を送る。人間社会だと、娘が父親や親族の意向で嫁入りさせられるみたいなことがありますが、もともとは人間も、女が自分でパートナーを選んで集団を渡り歩いていくような社会を作っていたんじゃないかと思われますね。

人間の家族はこうして出来た!?

たけし　ゴリラの集団にはテリトリーはあるんですか。

山極　厳密な意味でのテリトリーを持つのは、類人猿ではテナガザルだけです。他の類人猿は行動域が重複している。だから、いろんな集団と出会うようになっていて、そういう機会にメスが群を移動したりします。ゴリラの場合、メスが一人で歩かないから、集団が出会う機会に群を移動する。チンパンジーの場合は、メスが一人歩きをするから、集団同士が出会わなくても、メスが勝手に自分の居場所を変えて移動してしまうことがあります。

たけし　コンゴの山奥にいるゴリラたちは、内戦に巻き込まれて多くのゴリラが殺されたために、一頭のオスに複数のメスの群だったのが、複数のオスが複数のメスを従えるようになってしまったという。あれで揉《も》めないんですか。

山極　基本的には、オス同士は血縁関係があって、複数いても父親と息子もしくは兄弟です。息子は成長したら群を出るものなのですが、環境の変化によって、そのまま居残ってしまったんですね。複数のオスがいれば、メスとしても安全ですから、メスもたくさんやってくる。そうすると、若いオスもおこぼれに与《あず》かれるので、繁殖の機会が得られる。「居残っていても大丈夫かな」という感じですね。

たけし　ゴリラの場合、複数のメスがいても、オス同士で共有するということはあるんですか。

山極　どのオスがどのメスと交尾するかは決まっていることが多い。ですから、ペアもしくは単オス複メスの家族がいくつか一緒になっているという感じですよ。

たけし　そうすると、人間の大家族に近いわけですか。

山極　私は、多分、人間の家族というのはそういうふうにして出来たのだろうと思っています。大きな集団というのが必要に迫られて出来てしまった。その中で、一夫多妻なりペアなり、幾つかの家族みたいなものがだんだん作られていったんじゃないかと思っているんです。
結局、人間社会では、男に平等に繁殖させるために家族というものを作り上げていったのではないかなと僕は思っているわけです。だからこそ、人間の男は家族から出ていろんな集団で生活することができる。会社に行って、社長にペコペコしても、家族に帰れば自分が繁殖できる場というのは保証されているわけだから。他の霊長類ではそうはいきません。人間は家族があるから、融通無碍《ゆうずうむげ》に集団を行き来しながら生きられるのではないかなと思うんです。

たけし　先生はアフリカの奥地でゴリラを観察してきたわけですが、危険な目に遭ったことはないんですか。

山極　いや、ありますよ。今、中部アフリカ西側のガボンで十年ぐらいにわたって野生のゴリラを人に馴らそうとしています。ところが、中部アフリカのゴリラ分布域の西側では、人間がゴリラを食べるので、ゴリラが人間を敵視しているから、なかなか上手くいかない。それでも僕らは上手くいきつつあったんです。ところが、一昨年の十月に、かなりしつこくゴリラの群を追っていたら、二頭のメスに囲まれて、頭と足を噛《か》まれました。そのときは、オスが飛んできてメスを突き飛ばしてくれたので助かった。オスのほうが僕らに馴れていたから、助けてくれたんですね。メスでも犬歯がありますから、頭は血だらけで、足もざっくりと切れて十七針縫いました。僕は「ゴリラは、俺を殺す気だったんだ」とものすごくショックを受けました。

たけし　好きなゴリラに襲われたら、ショックですね。

山極　でも、ゴリラのオスを解剖してみると分かるのだけど、ゴリラの頭はヘルメット状になっていて、頭蓋骨《ずがいこつ》の上に多くの脂肪がついている。結構嚙まれた傷跡もあるんです。だから、メスが頭を嚙んだのは、殺そうと思ったわけじゃないと思い直しました。要するに、僕を懲《こ》らしめただけなんですね。「ストーカーみたく、ついてくるな」と。

たけし　ものすごいポジティブシンキングだ（笑）。それにしてもアフリカでゴリラを食べるというのは、いかに食糧が足りていないかということなんですか。

山極　いえ、ゴリラは単なる肉でしかないんです。アフリカの真ん中に大地溝帯があって、三千メートル級の山が南北に走っています。その東側は野生動物を食べない文化なので、東側のゴリラは人に馴らしやすい。ところが、西側はずっと野生動物の肉を食べる文化なんですね。

たけし　先生は「人間とは何か」という命題を持ってゴリラを研究されてきたわけで

すが、答えは出たんですか。

山極 それは、これまで話した中にも出てきているような気がします。僕は生物学的な特徴をすごく重視しています。例えば、人間の知能が高いといっても、たかだか類人猿よりも脳が三倍ぐらい大きいだけなんです。その三倍大きい脳を維持するために、人間は進化してきた。

ゴリラの赤ちゃんは四歳で脳が二倍になって五百ccになる。ところが、人間は千五百ccにしなくてはいけない。そのためにどうしたかというと、一歳で二倍まで脳を大きくした後、十六歳まで脳を徐々に大きくするようにしたんです。ところが、脳の成長にはものすごくコストがかかるので、身体の成長を遅らせたわけです。ある程度、脳が成長したときに、今まで貧弱だった身体にエネルギーをどっと送る。それが人間の思春期です。男も女も、あっという間に大人になるから、心身がものすごいアンバランスになるわけです。そこで男も女も体をもてあますようになる。男は自分の体を試してみたくなって、粗暴になって喧嘩をしたりする。だから、その年代の男子は事故死などの死亡率が高くなる。女の子のほうは、男をいっぱい試すようになって、非常に性的に活性化してくるんです。

たけし 性的活性化か、メモっとかないと(笑)。

山極　今でこそ、その時期の女の子というのは社会的に非常に厳しく抑圧されていま す。だけど、大昔はどうだったんでしょうか。ゴリラのメスだったら、性的活性化の 時期に、自分の生まれ育った集団を出て行く。つまり、いいオスを見つけるために集 団を渡り歩いて行くわけ。セックスができる体と生理状態を持ったメスというのは、 どこでも人気があるから、どのオスの群も受け入れるわけですね。

たけし　おネエちゃんが人気あるのはどこでも一緒だね。

山極　出会ったオスとうまくいかないと、見限って他の群に移っていく。最終的に気 に入ったオスのところに身を落ち着かせて、自分の子どもを産んで、その自分の子ど もをオスに預ける、それがゴリラのメスのやり方です。人間の女性も、ひょっとした ら昔はそうだったのかもしれないなと思います。今、また、そうなりつつあるのかも しれませんけど。

ゴリラのオスもつらいよ

たけし　しかし、ゴリラのオスは偉いね。特に父親としては人間も見習わなくてはい けない。

山極　ゴリラのオスは自立していますからね。しかし、オスが自立することは大変なことなんです。今、日本の動物園で、ゴリラのオスはばたばたとストレスで死んでいます。野生ゴリラの輸出入が禁止されているので、ゴリラの繁殖のために他の動物園にいるメスと見合いをさせているのですが、そうすると、オスが強いストレスを受けてショックで死んでしまう。多分、メスの勢いに押されてしまって、自分でうまいこと自己主張できないんだと思います。京都では三頭オスが続けて死んでいます。

たけし　お見合いで死んでしまうのですか。

山極　死後に内臓を調べると、内臓から血が出ている。体の大きなゴリラのオスが、大きさは二分の一しかないメスと出会っただけで、それほどのストレスを感じるんです。

たけし　まずダッチゴリラから始めて馴らすとか（笑）。

山極　人間の世界でも、同じようなことが起こっているんじゃないでしょうか。動物園のゴリラのオスは、小さいころに仲間と遊んだ経験がないんです。身体を使って、自分がどうやったら相手に気に入られるかみたいなことを身体感覚で覚えてないから、だからメスと出会ったときに、どう自分を表現したら相手に気に入られるかが咄嗟《とっさ》に分からない。それで迷ったあげく、メスに意地悪されて、「俺は駄目なゴリラだ」と思って、死んでしまうんじゃないかな。

たけし　ゴリラも人工的な環境では弱くなってしまう。現代日本で草食男子が増えるのも当然だよね。結局、オスはメスにはかなわない（笑）。

（「新潮45」二〇一〇年四月号掲載）

file.02

シロアリ王国は巨大ハーレムだった

シロアリの達人

松浦《まつうら》 健二《けんじ》

1974年岡山県生まれ。京都大学大学院農学研究科教授。2002年京都大学大学院農学研究科博士課程修了。博士（農学）。12年より現職。11年に日本学術振興会賞、日本学士院学術奨励賞受賞。著書に『シロアリ』（岩波書店）など。

シロアリなんて、イヤ～な虫だと思っていたよ。
でもこの先生の話を聞くと、
イメージが180度変わったね。
なんとシロアリの社会は、
おネエちゃんだらけのハーレムらしい。
これはぜひとも潜入しなきゃ！

世界中に二十四京匹《けい》いる！

たけし　先生はシロアリの研究者ということだけど、おいらはシロアリについては全くといっていいほど知らない。だいたい家の建築材を食べてしまう害虫というイメージしか持っていないけど、シロアリは死んだ木だけを食べるんですか。

松浦　生きた木に生息するシロアリもいますし、死んだ木に生息するシロアリもいます。例えば、立派に立っている松の木が生きているように見えるけれど、それは表面だけで……。

たけし　そうか。中は完全にカラッポになっている。

松浦　ええ。中はもう完全にシロアリに食べられてしまって、すっからかんというようなことがあるんです。

たけし　生きている木か死んだ木か、どちらに生息するかというのは、シロアリの種類によって違うんですか。

松浦　はい、種類が違いますね。この辺にいるヤマトシロアリは、朽ちた木を食べる。ただ生きた木でも朽ちている部分があれば、そこを食べます。ヤマトシロアリというのは日本で最も多く生息していて、私が主に研究しているのもこの種類のアリです。シロアリは世界中で三千種類、日本国内でも二十種類ぐらいいるんですよ。国内の多くの種類は沖縄や奄美《あまみ》などの暖かい地方にいます。

たけし　この対談している場所のまわりでも簡単にシロアリって見つかるものですか。

松浦　必ず見つかりますね。シロアリがいない状況をつくるのは、ほぼ不可能です。世界中で二十四京匹いると言われていますから。

たけし　「京」っていう単位はスパコンの名前でしか聞いたことがない（笑）。家を食べる害虫がそんなにいるんですか。

松浦　でも、ほとんどのシロアリは家ではなくて、山の中で枯れた木を食べています。シロアリに食べられてボロボロになった木がさらに菌類など微生物に分解される。

たけし　そうすると山林の掃除屋ということになる。

松浦　だから、シロアリがいなくなると、山の中は枯れた木だらけになってしまいます。もっともシロアリは木を食べていると思われがちですが、シロアリが木を食べているというよりは、腸内の原生動物、つまり微生物が木を分解しているんです。植物の細胞壁はセルロースが主成分です。このセルロースを消化して栄養として利用するためには、セルラーゼという酵素が必要になる。シロアリも唾液腺《だえきせん》で多少セルラーゼをつくれますが、腸内の原生動物がいないと木を分解することはできません。この原生動物が木を分解して、ブドウ糖に変える。そのブドウ糖が酢酸と二酸化炭素と水素に変わり、酢酸がシロアリの炭素源になるんです。

たけし　なるほど。

松浦　ところが、木材の成分はC（炭素）とH（水素）です。CとHだけでは、生物が生きるのに必要なアミノ酸（水素、窒素、酸素の化合物）はつくれない。では、シロアリはアミノ酸をつくるのに必要な窒素をどうしているのかというと、空気中の窒素から窒素化合物をつくる窒素固定菌を腸内に持っているんです。

たけし　シロアリは細菌によって生きているわけですね。

松浦　ええ。その原生動物も無数のバクテリアを共生させているので、シロアリ一匹の腸内には、世界人口よりも多い数の微生物が存在する。ちょっとした宇宙です。

たけし　どうやって木を食べているかは分かりましたが、それで枯れ木を餌《えさ》にするならいいけど、家を食べられたらたまらないですね。よくシロアリ駆除の業者が家の軒下に潜ったりしているけど、あれは女王を見つけて退治しようとしているんですか。

松浦　イメージ的にシロアリもハチと同じように女王を中心にした社会のように思っているんですが。

松浦　アリはハチの仲間ですが、シロアリというのは実はアリとは全く別のグループなんです。

たけし　えっ、全く違うグループなんですか。

松浦　シロアリの場合は王もいるんです。王と女王がいる。ハチやアリの社会では女王しかいません。

たけし　となると、ハチの場合は働きバチは全《すべ》てメスだけど、シロアリの場合は、どうなんですか。

松浦　オスとメス、両方いるんです。アリとシロアリはよく混同されがちなのですが、シロアリとは「白いアリ」のことではない。全く違う昆虫なんです。

たけし　おいらは白いアリだとばかり思っていた。

松浦　シロアリの祖先は実はゴキブリなんですよ。ゴキブリの社会がどんどん高度になってきたものがシロアリの社会。

たけし　ええと、アリと普通のハチが一緒で……。

松浦　アリは飛ばないハチだと思ってください。シロアリは社会性を発達させたゴキブリだと思ってください。

たけし　じゃあ、ゴキブリも社会性を持っているんですか。

松浦　普通のゴキブリは集団行動はしますけど、社会はつくらないです。キゴキブリといって、木の中に住むゴキブリの中には、社会性を持つものがいます。木の中で親が自分の子どもを育てる亜社会性で、そこからシロアリの社会は進化したと言われています。

子どもが働くシロアリ社会

たけし　シロアリには王と女王がいるとは驚いたな。巣の本体を見つけて王と女王を駆除しない限り、どんどん卵を産まれてしまうわけですか。

松浦　例えばある家の床下が食べられていたとしますよね。その床下をいくら探しても、たいていそこには巣の本体はないんです。アリの道と書いて蟻道《ぎどう》という、地下に張り巡らされているトンネルがあって、本体は隣の家かもしれないし、庭木の朽ちたところかもしれない。十メートル以上離れていることも珍しくありません。

たけし　トンネルを張り巡らせているなんて、大戦中の硫黄島の日本兵みたいだ(笑)。

松浦　だから、本体を探り当てるのはすごく難しいんです。

たけし　昔からよくシロアリ駆除の詐欺《さぎ》という手口があった。「駆除しておきました」と言うんだけど、全然退治されていない。でも、そもそも駆除すること自体が難しいんだ。

松浦　そうですね。「王を駆除しました」と王様を見せられたら、それが本体ですから「確かに駆除した」ということになる。王は一箇所にしかいませんから。

たけし　でも、シロアリって、ゴキブリの仲間だったら黒くてもよさそうなものなのに。

松浦　実は白いわけではなく透明、スケルトンなんです。シロアリのワーカーつまり働きアリというのは、実は発生学的には全て幼虫。つまり、子どもが働く社会なんです。アリやハチの幼虫はウジ虫状態です。そこから成虫になる。ところが、シロアリは孵化《ふか》した時から、シロアリの格好をしていて、脱皮するごとにその格好のまま大きくなっていきます。

たけし　子どもが働くなんて、越後獅子《えちごじし》の世界だ（笑）。

松浦　そういう幼児のまま大きくなるのをネオテニーといいます。ワーカーと、ソルジャーつまり兵隊アリはすべて幼虫のままです。彼らはオス、メス両方いて、ソルジャーは頭が大きくて牙《きば》がある。それで外から普通のアリが入ってこようとすると攻撃をするんです。

たけし　でも、どうしてスケルトンなんですか。

松浦　シロアリ（ワーカーやソルジャー）は紫外線から皮膚を守るメラニンという黒い色素を持っていないんです。シロアリは木の中や地中で過ごすので、紫外線にさらされなくてすむからなんですよ。

たけし　そうすると、シロアリの世界は、王がいて、女王がいて、その下にワーカーとソルジャーがいるわけだ。

松浦　その役割分担を「カースト」といいます。ワーカーとソルジャーが労働カーストです。他に繁殖カーストがあります。王と女王が巣をつくりますよね。そうすると、最初に生まれた卵が幼虫になって、この幼虫が脱皮していくうちに、労働カーストになるのか、繁殖カーストになるのかが分かれます。労働カーストの道を進むと、繁殖はいっさい行わず、ワーカーになり、最後はソルジャーになる。

たけし　最後はみんな兵隊になるんですか。

松浦　年取ったワーカーの一部がソルジャーになります。巣の三パーセントぐらいです。一万匹いれば、三百匹ぐらいですか。

分身する女王たち

たけし　一方で、繁殖カーストというのは何ですか。

松浦　繁殖カーストというのは、巣から飛び立ち新しい巣をつくっていくシロアリたちのことを言います。ゴールデンウィーク前後になると羽アリがたくさん出てくるでしょう。実はあれがシロアリの王や女王になるんです。繁殖カーストになると、働きアリから餌をもらって、最後、羽アリになって巣から飛び立つ。羽アリになる幼虫を「ニンフ」といいます。ですから、労働カーストには働きアリと兵隊アリがいて、繁殖カーストにニンフ、羽アリがいる。ちなみに羽アリは外に飛び立つので紫外線にさらされます。ですから、シロアリとはいうものの、メラニンがあって黒い。最初に巣をつくり始める王と女王は、もともと羽アリなので黒いんです。

たけし　羽アリって、シロアリのことだったんだ。

松浦　巣からたくさんのオスとメスの羽アリが飛び立ちます。多くは途中で鳥に食べられてしまうのですが、生き残ったものが途中で羽が落ちて地上を歩くようになります。メスはフェロモンを出しますから、フェロモンを頼りにオスとメスがペアになって、いい朽木があればそこへ潜って巣を作り始めるわけです。このあたりがアリとは大分違います。アリは交尾すると、オスはその場で死んでしまって、女王だけの社会になるんですけど、シロアリは女王と王が一夫一妻で巣をつくり、卵を産んで、最初の子どもをつくります。我々とすごく近いんですよ。一夫一妻で一生添い遂げますから。

たけし　結構、浪花節《なにわぶし》なんだ（笑）。

松浦　本当に浪花節ですね。巣が出来ると何十年と続いていきます。その間、王は、ひたすら女王だけに尽くすわけです。

たけし　足立区の子持ちの大工のオヤジとは違う（笑）。

松浦　よそへ出ていったりはしない（笑）。巣が大きくなってくると、そこからが大変です。十年ぐらい経《た》って、コロニーが大きくなると、最初の女王の他に、補充の女王、つまり二次女王が出てきます。先ほど話したニンフが羽アリになるのを途中でやめて、次の女王に繰り上がるんです。コロニーが大きくなると、女王一匹で卵を産んでいてもワーカーが足らなくなるので、卵の生産を追いつかせるために新しい女王が出てくるんです。

たけし　となると、王様は自分の娘に手を出すんだ。

松浦　そう思われるでしょう？

たけし　ええ。だって女王が産んだ子どもだから……。

松浦　みんなそう思っていたんです。僕もそう思っていました。しかし、自分の娘と交配して巣を継続していくということは近親交配になります。近親交配は有害な遺伝子が発現することになるので、生き物にとっては遺伝的に劣化していくことになる。それだと、巣はすぐ終わってしまうはずなのに、補助的な女王が出てきても何十年も巣は続いていく。この写真を見てください。王がここに一匹いますが、何百匹という女王がまわりに大量にいます［次頁《ページ》下の写真］。

たけし　いや、これはすごいな。

松浦　すごいハーレムなんですよ。王がたくさんの女王と交尾をして、大量に卵が産まれる。たいていのシロアリのコロニーはこうなっています。巣が近親交配で大きくなっているのだったら、シロアリはそんなに怖くはない生き物のはずなんです。ところが、この補充の女王の遺伝子を調べてみると、すごいことが起こっているのが分かりました。この二次女王は王の血がまったく入っていないんです。

左の黒い個体が創設王、黒い頭で腹部が発達したのが創設女王、その両隣の腹部の大きな個体は二次女王。

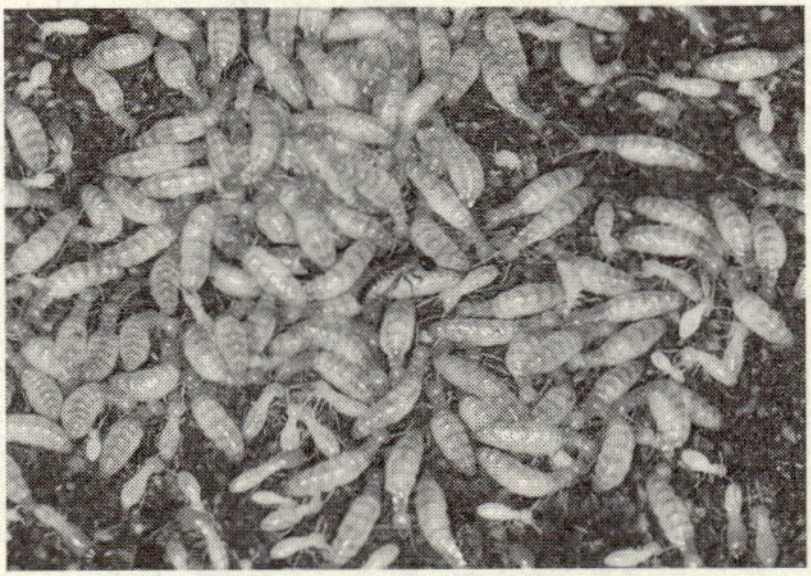
巣が大きくなると、１匹の王のまわりを何百匹という二次女王が囲んでいる。

たけし　えっ、どういうことですか。

松浦　ワーカーやソルジャー、羽アリには王の遺伝子と、それから初代女王の遺伝子が必ず入っているんです。つまり、ワーカーや羽アリについては、王と交尾して卵を産んでいる。では、二次女王に王の遺伝子が入っていないのはどうしてか。女王はどうやって二次女王をつくっていたかということになりますが、実は二次女王は最初いた女王の分身なんですよ。

たけし　つまり、クローンということですか。

松浦　クローンとはちょっと違うんですが、シロアリは私たち人間と同じように遺伝子の半分は父方からもらい、半分は母方からもらっています。ところが、女王は自分の遺伝子セットの片側を倍にすることで子どもを産んでいるんです。つまり、王の遺伝子がAB型として、最初の女王はCD型としましょう。すると、王と女王が交尾して産まれたシロアリは両方からいずれかの遺伝子をもらうわけですから、AC型、AD型、BC型、BD型となります。ところが、この二次女王というのはCC型かDD型になります。

たけし　つまり女王の遺伝子だけで出来ているんだ。

松浦　だから、女王は自分の分身を後継に充《あ》てるんです。

たけし　あらーっ、すごいね。

松浦　だけど、働きアリをつくるときには絶対にそれを使わないんです。それは禁じ手で、それでワーカーをつくってしまうと、遺伝的に弱くなる。保護された巣の中で女王を継承するには遺伝的に弱くてもいいわけですが、ワーカーとしては使いものにならない。つまり、女王は自分で単為生殖した、自分の遺伝子だけを持った分身を後継者に充てる。個体としての女王は死んでも、遺伝子的に見れば女王は不老不死なんです。

王の寿命はなんと三十年

たけし　最初のかみさんが死んだ後も、交尾の相手は最初のかみさんの分身なんだ。ずーっと同じかみさんと交尾するって、ある意味、地獄だね。それで王様は楽しいんだかどうだか（笑）。こんな昆虫はシロアリだけですか。

松浦　これを見つけたのは、我々のグループが初めてで、ヤマトシロアリについて二〇〇九年に報告したばかりです。でも、いろんなシロアリで同じシステムがだんだん見つかってきています。これはシロアリを害虫として考えた時にはすごく怖い話で、女王がどんどん増えても近親交配が起きないので、全く遺伝的に劣化しない。不死身のどでかい女王がいるのと一緒なんですよね。

たけし　映画に出てくるエイリアンみたいなもんだね。

松浦　実際、エイリアンみたいなものですよ。

たけし　日本の少子化対策に、女性アイドルだけ分身させたら、どうだろう。もてないおやじが喜ぶだけか（笑）。

松浦　一方で、王が死んだときにも後継の王というのが出てくるのですが、後継の王は有性生殖で生まれた、つまり交尾して生まれた自分の息子になります。女王の遺伝子が必ず入っていますから、二次女王と交尾すれば近親交配がかかる。近親交配がかかると、もう巣は終わりになることは分かっています。近親交配でできた羽アリとか働きアリは、だんだん使いものにならなくなっていくんです。

たけし　後継王が出てくると、コロニーはどうなるんだろう。

松浦　コロニーは滅びることになります。

たけし　となると、初代の王が生きている限り、コロニーの存続は万全なわけですね。王はどのくらい生きるんですか。

松浦　ワーカーの寿命は五年ぐらいなんですけど、シロアリの王の寿命は三十年ぐらいなんです。

たけし　そんなに生きるんですか。

松浦　昆虫は普通一生が二カ月とかそんなものですから、三十年といったら、哺乳類《ほにゅうるい》で考えたら一万年といったレンジになります。一万年も生きる猿がいるようなものですよ。

たけし　先生の本をざっと見させていただいたけど、王がいないで女王二匹で成立している巣もあるそうですね。

松浦　メスの羽アリは外に出て、オスと出会えなかったら、メスだけで巣をつくります。女王は単為生殖できますから、つまり、メスだけでも卵を産めるわけです。

たけし　オスとオスとのカップルはいないんですか。

松浦　相手のメスが見つからないと、最後はオス同士でもカップルになります。でないと、一匹だと天敵のアリに襲われて死んでしまいますから。

たけし　二匹でアリと戦うんですか。

松浦　そうじゃなくて、まずシロアリのオス同士でレスリングをして強いほうが、後ろにつくんです。弱いほうが前方を歩くことになる。アリが来ると、まず前方のシロアリを襲いますから、後ろのシロアリはその間に逃げるんです。

たけし　オス同士は生きるために、一時的にカップルになっているだけで、巣はつくれないわけですよね。

松浦　つくれません。メス同士では巣をつくることは出来ますが、もしここにオスが入ると、さっきまで仲がよかったメス二匹のうち、一匹は殺されるんです。新たにオスとメスのペアができて、巣をつくりだすわけです。

たけし　女の友情は、はかないものだね（笑）。

松浦　ただ、メス同士の場合、単為生殖で卵を産むわけですから、遺伝的には劣化します。病気になったときとか、環境が変動したときにすごく弱くなってしまう。社会としてはものすごくもろくなっています。

たけし　いや、シロアリの世界は本当に知らないことばかりだな。そういえば、先生はシロアリの卵に寄生する菌がいることも発見したと聞きましたが。

松浦　シロアリの巣の中には女王がたくさんいて、卵を産んでいます。しかし、放っておくとシロアリの卵は、すぐに雑菌にやられて死んでしまう。だから、ワーカーが毎日、舐《な》めて世話をします。これをグルーミングと言うのですが、ワーカーの唾液の中に抗菌物質が入っていて、それが卵を守っているわけです。ところが、そのシロアリの卵の中にターマイトボールというものが混じっている〔次頁の写真〕。私が学生

俵形をしたシロアリの卵の塊の中に混じっている球体が、ターマイトボール。

の頃に見つけて、当時は現象自体が分かっていなかったのですが、実はカビがシロアリの卵に化けていたんです。

たけし　へえーっ。

松浦　カビが菌糸を毛糸の玉みたいに固めてシロアリの卵に擬態している。それでシロアリに世話をさせて、巣の中でどんどん増えていくんですよ。

たけし　カッコウが他の鳥の巣に卵を産みつけるみたいだ。

松浦　托卵《たくらん》に似ていますね。シロアリは楕円形《だえんけい》の卵の短い側（短径）をくわえるんですが、その大きさとターマイトボールの曲率が一緒。そのうえ表面にシロアリが卵だと認識するフェロモンを持っているから、シロアリは自分たちの卵だと思って世話してしまうんです。

たけし　フェロモンまで真似《まね》するというのはすごいな。

松浦　そのフェロモンはシロアリの唾液の中に含まれている成分なんです。こうしたフェロモンを使うとシロアリをだませます。卵と同じ短径のガラスのビーズに、このフェロモンを塗ると、シロアリは卵と認識してしまって、自分たちの巣の中枢《ちゅうすう》まで運んでいってくれる。それでシロアリにガラスのビーズを運ばせた後、巣を解体してみると、卵を世話する部屋がビーズだらけになっています。

たけし　それで王様と女王様は、その卵を世話する部屋の近くにいるわけですか。

松浦　王や女王の部屋の隣が、ワーカーが卵を世話する部屋なんです。例えば、このガラスのビーズに殺虫剤が入っていると、中枢がダウンしてしまう。巣がどこにあるか見つけるのはすごく大変ですが、殺虫剤入りの卵を自分たちに運ばせる。この方法をドラッグデリバリーというのですが、これを使えばシロアリをやっつけることも簡単なんです。

たけし　吉原のソープランドを全滅させようとしたら、病気持ちのネエちゃんを紛れ込ませる。そうすると、吉原の評判がどんどん悪くなって全滅してしまうようなものだ（笑）。

松浦　自分たちの卵というのは、シロアリにとっては一番重要な存在なので、卵と認識するとどうしても運んで世話をしてしまう。本能ですね。

シロアリ駆除の決定打

たけし　そうすると、家をシロアリに食われて困っている人は、ドラッグデリバリーを利用すればいいわけだ。

松浦　ええ、その技術については実はある企業がすでに研究をしています。卵はゼラチン製のカプセルになっていて、この表面の素材にフェロモンが混ざっている。そして、卵の中には殺虫剤が入っています。彼らはその卵を持ち帰って、グルーミング、つまり舐めるわけですが、舐めるとゼラチンが溶けて、中から殺虫剤が出てきて巣の中に落ちる。また、シロアリというのは栄養交換といって、口移しで餌を交換します。毒を舐めたシロアリが口移しで他のシロアリに餌を与えていくので、毒がどんどん巣の中に拡散していくわけです。

たけし　毒が効いてくる頃には、次々と死んでいくんだ。

松浦　ええ。それから肛門食《こうもんしょく》といって、フンを仲間が食べて餌をサイクルさせているんですね。

たけし　そうやって次々に知らずと毒を食べてしまう。

松浦 シロアリの巣を外から攻めても、つまりワーカーをいくら殺しても、ご本尊たる王と女王が残ってしまうことが多い。だから、いきなりご本尊のところに殺虫剤入りの卵を運ばせて、そこから外に向けて退治していくわけです。

たけし それはもう市販されているわけですか。

松浦 いえ、まだ試作品をつくっている最中です。

たけし メーカーがつくるのであれば、駆除の対象にしているのはイエシロアリとかいう奴《やつ》ですか。

松浦 ヤマトシロアリでも両方効果があります。イエシロアリは「イエ」という名前が付いているから、いかにも日本中にいるように思われますが、九州とか、和歌山とか、暑いところにしかいません。日本で一般的に言われる「シロアリ」って、ほとんどがヤマトシロアリのことなんです。

たけし それにしても、ターマイトボールはシロアリを本当にうまいこと騙《だま》して寄生しているものだね。

松浦 ええ、うまく寄生していますよ。シロアリは、ターマイトボールを自分たちの卵同様、毎日一個一個全部舐めて世話します。舐められるとターマイトボールは発芽を抑制されますが、シロアリの唾液成分に抗菌作用があるので、乾燥や他の菌から守られる。ところが、一日でも舐めないと発芽して、卵を殺してしまうんです。シロアリにとっては、ターマイトボールは危ない爆弾を抱えているようなものです。しかし、不思議なもので、実験室で高温高湿度の状況をつくって、つまり他の病原菌が発生しやすい状況にしてシロアリの巣を観察してみると、ターマイトボールという寄生菌があったほうが卵の生存率は上がるんです。

たけし　へえ、厄介者が役に立っているんだ。

松浦　このカビは自分でも抗菌物質をつくるので、シロアリの卵を他のカビや病気から守っている側面もあるんです。しかし、通常はシロアリにとってターマイトボールを抱えることはコストでしかありません。

たけし　そのカビは、シロアリに世話をされることによって巣の中でどんどん増えていくわけですか。

松浦　ええ。古くなると、形がちょっといびつになる。そうなると、卵だと判断されなくなって、捨てられて巣の内側に埋め込まれるんです。そこで発芽しては玉をつくる。そうすると、またそれが卵だと思われて巣の中枢に運ばれて……というサイクルで、どんどん増えていきます。

たけし　巣がある限り、どんどん増えていくんですか。

松浦 巣がある限り、増えていきますね。最後、ほとんどターマイトボールばかりになってしまうこともありますから。

たけし しかし、先生が発見して研究するまで誰もターマイトボールに気付かなかったとはね。

松浦 要するに、シロアリの中枢を見つけるのは、すごく大変なんです。野外に出て、枯れ木を開けて、巣を見つけて取ってくるというのは、相当なフィールドワークの技量が必要とされます。そもそもシロアリの巣の場所がなかなか見つからない。だから、卵の研究とか、王とか女王の研究って、我々がやるまでほとんど未開の状態だったんです。

たけし だから、先生の研究チームは、シロアリの巣の採集については、世界一のノウハウを持っている。

松浦 野外でシロアリの巣を取らせれば多分世界一だと思います。他に何の使いようもない技術ではありますが(笑)。

シロアリから人間社会が見えてくる!?

たけし　ところで、先生はなぜシロアリのことを研究しようと思われたんですか。

松浦　僕は人間の行動や社会について興味がありました。ところが、人間の社会を知ろうとしても、その謎解《なぞと》きをやろうとしているのが人間自身です。ですから、客観的に観察することは不可能。しかし、アリやハチ、シロアリといった昆虫の社会であれば、完全な客体として見られるじゃないですか。彼らの社会にどういう力学が働いているのかを見ることによって、僕らの社会にどういう力学が働いているのかとか、この地球上のいろいろな法則性、生き物に関わっている法則性、進化の法則性が見えてくるのではないかと思ったんです。

たけし　でもハチやアリじゃなくて、よりによってシロアリを選んだのはどうしてですか。

松浦　シロアリについては今言ったように手付かずの部分が多く、研究のしがいがあったということでしょうね。

たけし　それでシロアリの研究をしてきて、先生なりに生き物の法則が見えてきた部分はありますか。

松浦　グループを組んで生活している生き物に共通する力学があります。生物にとっては自分の遺伝子をいかに次へ残していくかが重要なテーマなわけです。シロアリの社会では、ワーカーやソルジャーは自分自身の繁殖を放棄して他者のために働き、時には命と引き換えにしてでも巣を守ろうとします。遺伝子を共有する血縁者を助けることによって、自らの遺伝子を多く残そうとしているんです。しかし、羽アリが巣を飛び立ち、新しい巣をつくり、次の世代へと伝えていくのは遺伝子だけです。我々人間は言語や文化を持っているので、遺伝子以外にも伝えていく情報が無数にある。むしろ遺伝子よりはるかに膨大な量の情報を、言語や文化で伝えあっていて、その影響を受けて行動している。ですから、生物の社会において正しい行動だから、人間の社会においても正しい行動であるというロジックは簡単には言えないと思っています。人間と他の生物、両者を論じる際に、この違いをよく理解しておく必要があると思っています。

たけし　ずっとシロアリ研究をされてきたわけですが、この先もずっとシロアリですか（笑）。

松浦　我々が知りたいことって、どんどん膨らんでいきます。一つ一つ分かってくると、その先その先ということで、アプローチも多様化してくる。シロアリはまだゲノムも読まれていません。ゲノムが読まれるようになると、行動のベースになっている遺伝子の仕組みが分かってくる。あと、昆虫がなぜ何十年も生きられるのか、寿命の研究も全く未開の領域です。そこには、大きな発見が埋まっていると思うんですね。謎がまだほとんど解けていない状態なので、まだまだ道のりが長いなという気はします。だから、ライフワークとしてシロアリの研究は続けていくと思います。ただ、シロアリだけじゃなくて、アリや他の昆虫の研究もやっていますよ。

たけし　おいらの知らないシロアリの世界の話、本当に面白かったです。先生の研究成果を使って、そのうちジジイの駆除はできないかな。団塊のジジイ、ババアがみんなで思わず分けあってしまうような毒入りの煎餅《せんべい》を発明してほしい。そうやって団塊の世代がくたばったら、世の中も平和になるね。……おいらだけは、こっそり解毒剤《げどくざい》をもらおうっと（笑）。

（「新潮45」二〇一三年七月号掲載）

file.03

ウナギの産卵場所をつきとめろ

ウナギの達人

塚本《つかもと》 勝巳《かつみ》

１９４８年岡山県生まれ。日本大学生物資源科学部教授。東京大学大学院農学研究科修士課程修了。73年から研究船白鳳丸によるウナギの産卵場調査に参加。２００５年に産卵場を突き止め、09年には世界で初めて天然ウナギの卵の採取に成功した。

日本人になじみ深いウナギ。
でも、意外にもその生態はナゾだらけ。
そもそもどこで生まれるかすら、
よく分かっていないんだって？
それをおいらが見つければ、毎日ウナギの蒲焼《かばやき》だ！

謎《なぞ》に包まれたウナギの出生

たけし　おいらは中学生の頃、本当は海洋学者になりたかったんです。魚類の図鑑などを見るのが好きで、よく母ちゃんから「そんなもん見ていないで、数学やれ」と怒られた。しかし、船に乗るとすぐに酔ってしまう。それで海洋学者は諦《あきら》めた（笑）。先生も子どもの頃から海洋学者に憧《あこが》れていたんですか。

塚本　そんなことはないんですよ。最初は人類学者になりたかった。南の島に行って研究してみたかった。

たけし　それがどうしてまた海洋学者に……。

塚本　僕は東京大学に入ってから水産のほうに進んだんです。実際に専門分野を選ぶのは三年生から、駒場で学ぶ二年間の教養学部の課程が終わってからなんです。理科Ⅱ類で入ったんですけど、文化人類学に進むには、相当成績が良くなければならなかったんです。僕は駒場にいたころ勉強しなかったから、初志貫徹できなかったんです(笑)。

たけし　水産に進んでから、ウナギを研究したんですか。

塚本　いえ、最初は魚類の遊泳運動を研究していたんですよ。魚がどのくらいのスピードで、どのくらいの期間泳ぐことができるかといったようなことです。僕のは運動生理と言って、特に魚の筋肉生理の研究でした。

たけし　よく赤身の筋肉は持久力で、白身の筋肉は瞬発力だとか言いますよね。だから、マグロは赤身で、ヒラメのようにパッと餌《えさ》に飛びつくのは白身だという。

塚本　まさにそういうことをやっていたんです。

たけし　運動生理からウナギにニョロッと移ったんですか。

塚本　いえ、運動生理を研究したあと、アユの生態を調べ始めました。そのうちに、アユはなぜ回遊するんだろうという疑問が湧《わ》いてきて、そのうち回遊する魚をいろいろ調べてみたいと思ったんです。回遊魚のうち、サケ、マスは淡水で生まれて、海で育って、淡水に産卵のために帰ってきます。ウナギはその逆なんですね。海で生まれて淡水へ行く。川や湖で育ったあと成熟が始まると、産卵のために海の産卵場に帰って行く。アユは、産卵とは関係なく海と川を行ったり来たりします。ですから、回遊する魚の中に三タイプあって、これらを全《すべ》て研究すれば、なぜ魚が回遊するか、その共通原理が分かるだろうという単純な発想で始めました。アユとサクラマスのあと、ウナギを研究しだしたら、分からないことが多くて、それに面白いことが多すぎて、ウナギから抜けられなくなってしまった。今ではすっかり「ウナギ屋さん」です（笑）。

たけし　それも世界的な「ウナギ屋さん」になった（笑）。先生は最も権威のある科学雑誌『ネイチャー』に論文が三回も掲載されたそうですね。ウナギの三冠王だとか。

塚本　誰からそんなことを聞いたんですか（笑）。

たけし　フランスにジャック・ラングという、ミッテラン大統領時代に文化大臣を務めた政治家がいるんです。彼がおいらの映画の大ファンで、たまにお忍びで日本に遊びに来て、一緒に食事をしたりする。おいらの付き人のゾマホン（現・駐日ベナン大使）がアフリカのベナン出身で、公用語がフランス語だから、通訳をさせるんです。

ところが、ゾマホンの日本語の語彙《ごい》が少なすぎて、ラングの言っていることが分からない。あるとき、「ウナギ、ウナギの卵」とか通訳された。そこが和食屋だったので、ウナギの卵を食べたいのかなと思ってしまって、そこのオヤジさんに「ウナギの卵ある？」と聞いたら、「そんなのねえよ」って（笑）。よくよく聞いたら、ラングは塚本先生のことを言っていたらしいんです。ウナギの産卵場を、日本人の海洋学者が見つけたという話だったんです。それで「三冠を取った」と言っていました。先生の業績は世界的に有名なんですよね。

塚本　いえいえ。そんなに言っていただいて、ありがとうございます。

たけし　ラングが驚くのも無理はない。ウナギについては、どこが生まれ故郷で、どこから来るのか、未解明の謎のままだったんでしょう。それを先生が二十年間も調査して、ニホンウナギの産卵場を特定した。先生の調査の仕方というのは、調査船でプランクトンネットという網を曳《ひ》いて、その網ですくった海水をバケツに移して、そこからまたシャーレに移して、レプトセファルス（レプト）〔次頁の写真〕と呼ばれる小さなウナギの仔魚《こざかな》が獲《と》れたかどうか人間の眼で確認していくという作業の連続。おいらは、そういう作業は自動的に機械でやっているのかと思っていた。

塚本　いいえ、全部人力です。いまのところこの地道な方法しかありません。

ニホンウナギのレプトセファルス。
（写真提供：東京大学大気海洋研究所）

たけし　レプトが見つかったら、その耳の中にある小さな石みたいなものを使って、生後何日かを調べるという。

塚本　ウナギの内耳の中に耳石《じせき》という硬組織があります。透明な米粒のようなもので、顕微鏡でみると、木の切り株の年輪みたいな同心円状の輪紋がある。これが一日に一本ずつできることがわかっていますから、電子顕微鏡で一本二本と中心から外に向かって全て数えていくと、産まれて何日目かという「日齢」がわかるんです。

たけし　ある場所で生後何日目のウナギが獲れたら、どこから流れてきたかを海流から逆算して、次にもっと小さいレプトを探す。そうやっていけば、いつかは生後間もないレプトが見つかるというわけですね。

塚本　ええ、そのとおりです。単純に逆算していって、産卵場の範囲を絞り込んでいきます。すごく原始的で、あまり芸も何もないんですけど。

たけし　二〇〇五年にはプレレプトセファルス（生後約一週間までの前期レプト）を

発見。その仔ウナギは四ミリから六ミリほどで孵化《ふか》後二日目だった。産卵は孵化のさらに二日前なので、そのときの産卵が四日前に、マリアナ諸島の北西にあるスルガ海山付近で起こったと特定されたんですね。あのときは、大きく報道されました。ここまで来れば、産卵現場を押さえるのも近いような気がしますが。

塚本　それがなかなか難しいんです。今年（二〇〇八年）の夏はもっと南の深いところにある別の海山付近でレプトが獲れたんです。逆にもっと北のアラカネ海山やパスファインダー海山付近で産む可能性だってあります。産卵場は西マリアナ海嶺《かいれい》と呼ばれるあの一帯で間違いないと思いますが、ある年ある月の産卵イベントがどこの海山付近で起こるか、今の科学ではまだ予測できない。ウナギの産卵現場にヒットするのはもうギャンブルみたいなものですよ（その後塚本氏は、二〇〇九年五月に西マリアナ海嶺南端部で、世界で初めて卵の採取に成功）。

美しいセオリーが壊れていく……

たけし　ウナギに発信機をつけて、どこで産卵するかを特定するのはどうですか。

塚本　それは丁度今、僕らもやっているところです。ところが、発信機がまだまだ大きくて、カラオケのマイクほどもある。ニホンウナギは大きくても一メートルぐらいなので、そんなものをつけるのはかわいそうなんですよ。発信機は時間が経《た》つと、ウナギからパチンとはずれて、浮上するようになっている。その発信機からサテライトに情報を飛ばして、ウナギがどこで、どの水深を泳いでいたとかを教えてくれるんです。発信機がもう少し小さくなれば、こうした調査をもっとやりたいのですが。

たけし　それでも西マリアナ海嶺の海山域ということで産卵場所が特定されているのは、ニホンウナギだけなんでしょう。

塚本　はい、世界には十八種類（現在は十九種が確認されている）のウナギがいるのですが、その中で産卵場の大枠が分かっているのは、あとはヨーロッパウナギとその近縁のアメリカウナギだけです。でもこれら大西洋のウナギ二種の場合は、ニホンウナギほど産卵場の範囲は絞り込まれていません。二十世紀初頭にデンマークの海洋学者、ヨハネス・シュミット博士が大西洋のサルガッソー海がウナギの産卵場であると特定しました。しかし、サルガッソー海と一口に言っても、数百万平方キロメートルもの広い海域です（海の難所として知られる「バミューダ・トライアングル」もその一部）。その中のどこかでウナギは産卵しているはずですが、その現場はまだ押さえられていません。

たけし　そうすると、ピンポイントで産卵地点が分かっているのはニホンウナギだけなんですね。なぜ、そこでウナギが卵を産むようになったのか、いろいろ理由があるんでしょうね。

塚本　僕も一番それを知りたいところなんですけど、今のところ答えは出ていません。今年の夏に、西マリアナ海嶺南端でニホンウナギの親魚が初めて獲れたのですが、同時にオオウナギの親も獲れたんです。オオウナギは日本にも生息しますが、主に熱帯・亜熱帯に広く分布する種なんです。その親ウナギがニホンウナギと一緒のところにいたとすると、ニホンウナギとオオウナギの雑種が出来るのではないかとか、同じ場所で産卵するのに何故《なぜ》地理分布域が違うんだろうとか、今まで考えたこともないような問題がワーッと出てきた。ウナギの研究はますます熱くなってきました。

たけし　種類によって別々の産卵場があるわけですか。

塚本　一つの種は必ず独立した産卵場を一つ以上持っているはずなんです。ヨーロッパウナギとアメリカウナギが同じサルガッソー海域に産卵場をもつと言われていても、その海域は非常に広いから、実際の産卵が起こるのは同じ場所とは限らない。しかしマリアナ諸島沖の場合、ニホンウナギの親ウナギと同じところでオオウナギの親ウナギが獲れたものだから、どう考えていいかがわからなくなってしまった。今までの美しいセオリーが、音を立てて壊れていく……（笑）。

ウナギが道に迷っている？

たけし　異常気象などで自然がおかしくなって、海流の流れが変化してきて、ウナギ自体にも影響を与えているということは考えられませんか。

塚本　その可能性は大いにあります。僕らは一九九一年ぐらいからウナギの産卵場所に当たりをつけてきて、二〇〇五年には、はっきりとその産卵場を特定できました。しかし、この間に、獲れたレプトのサイズや獲れた場所を細かく検討していくと、年を追う毎《ごと》にレプトが獲れる場所は南下しているようなんです。温暖化現象が起こると北の地域でも暖かくなるので、普通、生物の分布北限は北上していく傾向があるんですが、ウナギの場合は逆ですね。地球規模の環境変動に連動して、何か海洋構造に重大な変化が起こっているんじゃないかということも考え始めました。

たけし　そうなると、ニホンウナギの産卵場所も南に移動してきて、ややこしいことになってくるのかな。

塚本　ええ。ウナギのレプトは透明な柳の葉っぱのような格好をしていて、海流に乗って運ばれますので、海流の流況が変わると、分布域もすぐ変わってしまいます。ニホンウナギは北赤道海流から北上する黒潮に乗り継いで日本にまでやってくるわけですが、産卵場が南に移動すると、レプトを日本に運ぶ黒潮への乗り換えがうまくいかず、逆に南下するミンダナオ海流に取り込まれてしまうレプトが多くなってしまいます。その結果、日本にやってくるウナギは減ってしまいます。今、ニホンウナギの資源量が減っているのはこのせいではないかと思っているんです。

たけし　ニホンウナギがミンダナオ海流に乗って、南方に行ってしまうという可能性があるということですね。

塚本　南方に行ってしまうと、そこにはオオウナギとか、セレベスウナギとか、他の熱帯ウナギがたくさんいて、これらに食われてしまう可能性もあります。たまたま生き延びたとしても西マリアナ海嶺の産卵場にまではとても帰ってこられないと思います。

たけし　そうか、故郷への帰り道が分からなくなる。

塚本　はい、広い海の中で、もといた場所に正確に戻るというのはなかなか大変なことで、産卵場の位置が南にズレて流れ着いた場所が変わってしまうと、資源の問題や回帰の問題など、いろいろ不都合が生じます。

たけし　ウナギが産卵場を目指すのに、何かコンパスのように頼りになるものはあるんですか。

塚本　ウナギの場合もサケと同様、太陽、磁気、それに匂《にお》いがコンパスとして使われている可能性があります。想像ですが、大ざっぱな方向は太陽コンパスで決めることができます。その次に磁気がより詳細な情報を与えてくれるのではないかと思われます。産卵海域の三つの海山が含まれる西マリアナ海嶺は古代の火山が南北に長く連なった海底山脈です。ここに生じた磁気異常や重力異常が、ウナギにとっての道標になっている可能性があります。明確な証拠はまだないのですが、匂いも産卵場付近にやってきた時、ここで産卵しようと決めるときに使われるのではないかと思います。

たけし　親ウナギがどのルートを通って、故郷に戻っていくのかは分かっているんですか。

塚本　研究としては、それが今一番面白いところです。単純に考えれば、日本からマリアナ諸島沖に向けてまっすぐに帰るルートがありますね。あとは、ウナギの赤ちゃんはずっと回り道をしてきますから、親もそのルートを逆に遡《さかのぼ》って帰って行くということも考えられます。しかし、これは黒潮を遡るわけですから、しんどい話です。逆に黒潮に乗って銚子沖まで出て行って、そこから南下するルートも考えられますが、

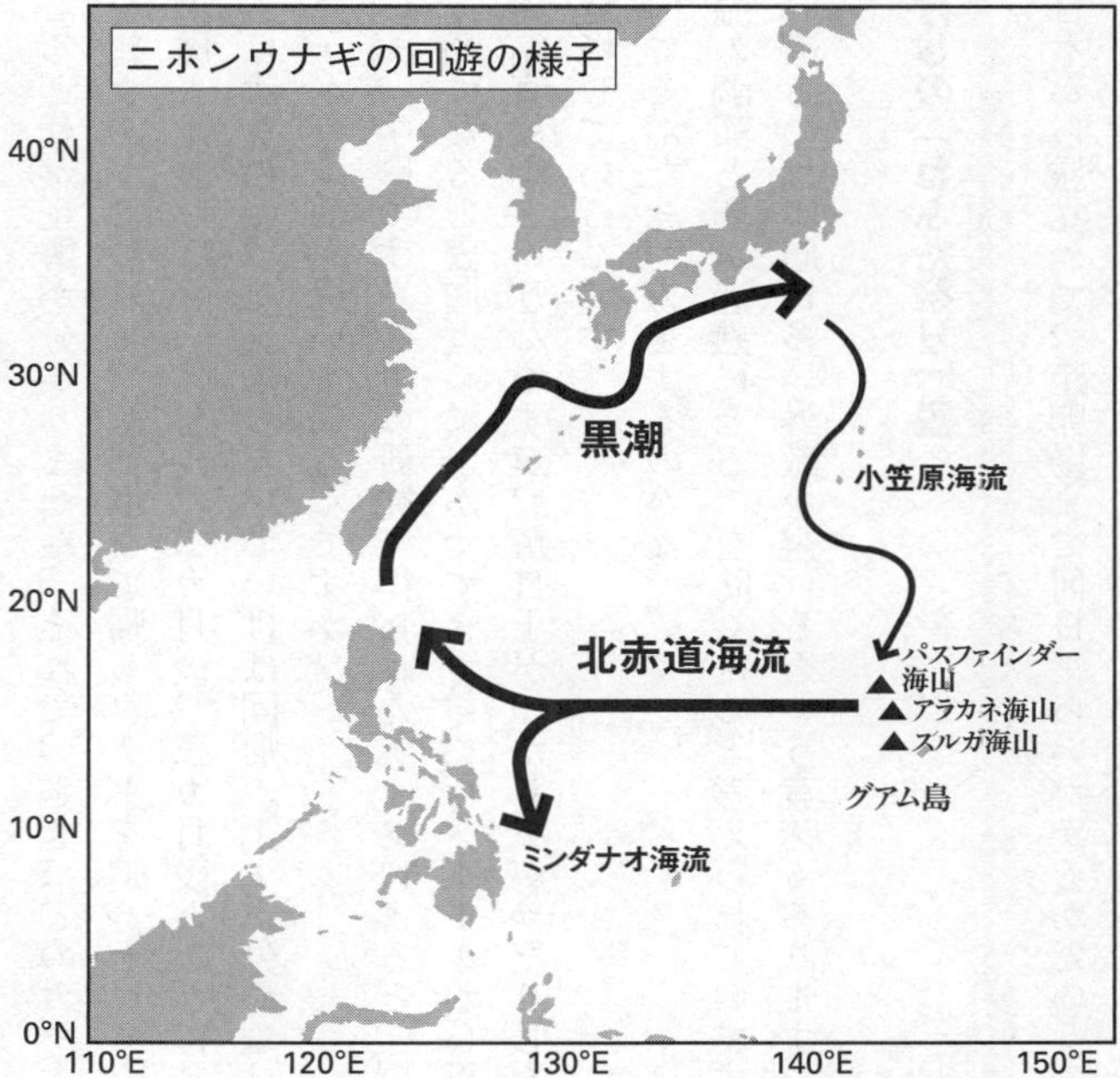

太い矢印はレプトセファルスの推定回遊経路。細い矢印は親ウナギの推定回遊経路だが、はっきりとは分かっていない。

いまのところどれが正解か分かりません。それで、さきほどのカラオケマイクみたいな発信機を親ウナギにつけて、産卵場まで帰るウナギを追っかけてみようとしているんです。首尾よくいけば、一カ月後、二カ月後、三カ月後と次々に発信機が海上に浮上してくるはずなので、それをつないでいけば回帰ルートが分かるはずです。

たけし　ウナギは深海を泳いで帰るんですか。

塚本　いいえ、中層です。最近の研究で得られたデータによると、昼が六百メートルぐらい、夜間になると表層近くに上がってきて、二百メートルから百メートルぐらい。これは日周鉛直移動というんですが、毎日上がったり下がったりしながら、マリアナ諸島沖を目指しているんです。

たけし　何でそんな泳ぎ方をするのかな。

塚本　体温の調節と卵が過熱になるのを防ぐためと考えられています。日中、低水温の深い層へ潜るのは表層に多い外敵を避けるという意味もありますね。

たけしの「ねぶた祭り」説

たけし　日本から旅立って、産卵場まで何日ぐらいかかるかというのは分かっているんですか。

塚本　日本を出ていくのがだいたい十二月、一月です。産卵のピークが六月、七月ですから、大体半年かけて行くわけです。

たけし　産卵のピークが六月、七月ということですが、具体的に産卵する時期は新月とか満月とかなんですか。サンゴなんかは、満月のときに産卵するとか言うでしょう。

塚本　ウナギの場合は新月の直前に産卵します。産卵する場合、みんなが集まることが大事です。ウナギの場合はたぶん乱婚で、オスとメスがたくさん集まって放精放卵すると思います。効率よく繁殖するには、特定の時期と場所を決めておく必要があるんです。

たけし　新月のときに産卵するのは、大潮になって卵が一番遠くまで流される可能性があるからですか。

塚本　そうです。大潮のときは卵が速く分散しますから、食べられるリスクが減ります。また新月の夜に産めば、真っ暗なので、視覚で餌を探す敵に見つかりにくくなります。

たけし　ウナギの産卵のイメージとしては大勢のウナギがゴチャゴチャたくさん絡《から》みついている感じなんですかね。

塚本　ええ、ゴンズイ玉のような感じになっているはずです。

たけし　東北のねぶた祭りのようだね。東京に働きに出かけた若い男女が夏の暑い盛りに田舎に帰ってきて、祭りの夜にイチャイチャして、子どもが出来ちゃったりする。六月、七月の新月の夜はウナギのねぶた祭りだ（笑）。

塚本　「ねぶた祭り」説ですか。初めて聞きました（笑）。

たけし　やっぱりウナギの発信機を早く開発しないと。そうしたら、「ねぶた」の実態が分かる。

塚本　一度、文科省の予算をいただいて開発に乗り出したことがあるんです。三千万円ぐらいでしたかね。そのお金を持ってＮＴＴに「発信機を小型化してください」と頼んだ。そうしたら、担当者が「ＮＡＳＡと同じ規模のお金をくれれば、できるかもしれないけど、これではどうも……」と断られてしまった。その当時は、「大金をもらったから、これでやれる」と思って喜んでいたんですけれど。

たけし　日本は先進国だなんて言っていても、科学技術への支援が少なすぎるんですよ。先生が研究のために使用している船は、東大の経費で維持しているんですか。

塚本　「白鳳丸」は、以前は東大海洋研究所に所属していた船なんですけれども、二〇〇四年に、横須賀にある海洋研究開発機構（ＪＡＭＳＴＥＣ）に移管されました。

ただし、運航計画は、東大海洋研が今まで通りに立案しています。

たけし 先生たちは一回調査に海に出ると、どのくらいの期間行っているんですか。

塚本 ウナギ航海の場合は、だいたい一カ月です。そんな航海をここ何年かは毎年やらせてもらえたんですけど、燃料費も高くなっていますし、これからどうなるか。船を一日動かすには燃料費が相当かかってしまいます。ですから、一分一秒だってシップタイムは無駄にできません。

たけし 本当は年に三回でも四回でも行きたいところですね。二〇〇八年の水産庁のウナギ航海では親ウナギを捕まえたということですが、その親ウナギは何歳ぐらいなんですか。

塚本 まだ解析が終わっていないのでわかりませんが、一般論で言うとオスは五歳ぐらいで回遊に出かけますし、メスは十歳前後ではないでしょうか。

たけし ウナギはそれまで川で過ごすわけだ。サケの場合、川から海に出ていかないやつがいるじゃないですか。ウナギでも川から出て行かないやつはいますか。

塚本 ウナギの場合は逆で、海から川に上がってこないものがいるんです。ウナギの故郷は海だから、サケの陸封型というのは、ウナギの場合は「海封型」になるわけです。

たけし　そうか、サケとウナギは真反対なんですね。

塚本　川に上がらないで、一生海で過ごす、そんなウナギが最近見つかりました。今、ちょうど僕らの研究室で研究を始めたところですが、青ウナギと呼ばれるウナギがいるんです。岡山県の児島湾で獲れるウナギで、干潟《ひがた》に住んでいるウナギです。

たけし　青ウナギもニホンウナギなんですか。

塚本　ええ、ニホンウナギです。青ウナギと呼ばれているのは、背中が青緑だから。江戸時代から「青は極上のウナギだ」と言われている。なぜ、青いウナギが出来るのか調べているんですが、どうも海から川に上がらないウナギの中に出やすいということが分かってきました。

川へ上がっていかない海ウナギ

たけし　不思議ですね。海から川に上がらないやつのほうがへそまがりなウナギで、少数派なわけでしょう。

塚本　そうでもないみたいです。回遊に旅立とうとして、体全体が金属光沢をもって真っ黒くなったウナギのことを「銀ウナギ」と呼んでいるのですが、それを日本沿岸から数百匹集めて耳石を調べてみたら、意外なことに川に上がらないものの方がむしろ多数派だった。耳石の中に微量に含まれるストロンチウムを調べると、海に何年いて川に何年いたかが分かるんです。というのは、海にはストロンチウムが淡水中より百四十倍も多いからで、この違いを利用して、魚が海と川の間を回遊した履歴を推定します。ウナギは海からやってくるので、子どもの時に海でできた耳石の中心にはストロンチウム濃度の高い部分ができます。海から川に上がってきたウナギには、ストロンチウムがほとんど含まれない耳石の層が沈着していきます。一方、中心部だけでなく耳石全体に高いストロンチウム濃度を示す耳石をもつウナギもいて、これが一生川には遡らず、ずっと海で過ごす海ウナギだというわけなんです。銀ウナギの耳石を調べてみると、海ウナギが七割位いる。ということは、マリアナ諸島沖で産卵している親ウナギの七割位は、もしかしたら海ウナギなのかもしれません。

たけし　そういうウナギは川へは行かず、ずうっと海の浅瀬にいるわけですね。

塚本　ええ。干潟とか、河口のちょっと沖合とか、沿岸など比較的浅いところにいます。

たけし　海水と淡水とでは浸透圧が違うじゃないですか。だから、普通の魚は海水と淡水を行ったり来たりはできない。それで、サケは川を上る際に、体を変えるために準備するでしょう。ウナギも準備するんですか。

塚本　直接的な準備は、おそらく河口でやっていると思います。河口で一週間から一カ月ぐらい、長いものは半年もかけてゆっくりと準備して、それから川へ上がっていく。ウナギが、そこで準備しているうちに、居心地がいいからそのまま河口にいつくのと、「やっぱり上がらなきゃいかん」と思って上がるのとに分かれて、河口付近に残ったのが海ウナギになるのではないかと思っています。

たけし　新宿東口に行って、歌舞伎町の入り口で中に入っていくかどうか悩むようなもんだ。オネエちゃんがいて楽しそうだけど、危険かなって(笑)。

塚本　ただ、ウナギの場合はなにか魅力的なものに惹《ひ》き付けられて、そちらに移動するようなことはないと思いますよ。これはアユの研究から出てきた「脱出理論」という仮説ですが、元いた場所が不適な環境になるから別の場所に移動(脱出)する。だから、どっちに行けばより楽しいかと悩むのではなくて、とりあえず、いまの環境が嫌だから、そこから脱出しようと。ネガティブなモチベーションで動くわけです。

たけし　そんなことがあるんですか。

塚本　僕はそう思っています。アユは、冬は海にいて、春先になって河口にやってきますけど、その河口にいられなくなって川を遡るんだと思います。もちろん浸透圧の問題もあります。春になり水温が高くなってくると、海の中での浸透圧調節が段々難しくなりますから、淡水へ上がらざるを得ない。しかし、琵琶湖からその流入河川に上がるようなアユの場合は、浸透圧の問題とは関係なく淡水から淡水に移動するわけですが、それでも春になって河口にいると、やはり別の様々な不具合が起きるから川を上がることになります。その原因は空腹であったり、昇温だったり、あるいは高密度だったりしますが、とにかくそこにいるのが嫌になるから脱出するのです。

たけし　しかし、嫌だと思わないのもいるわけですよね。

塚本　だから、生物は一筋縄ではいかなくて困ってしまう（笑）。

たけし　ところで、日本はこんなにウナギ食べていますけど、ウナギは世界的には減っているそうですね。

塚本　すごく減っています。大西洋にいるヨーロッパウナギやアメリカウナギは一番獲れた時期の一パーセントぐらいにまで減っています。

たけし　一番獲れた時期というのはいつ頃ですか。

塚本　一九六〇年から一九八〇年前後ですね。

たけし　やはり減った原因は乱獲ですか。

塚本　はい、他にも環境汚染、寄生虫問題、ダム建設など、いろいろと原因はありますが、やはりなんといっても主なものは乱獲でしょうね。世界のウナギの七割ぐらいを食べている日本人も責められていますよ。ウナギの完全養殖の技術はまだ完成していないので、今のウナギ養殖では河口でシラスウナギという透明な天然の稚魚を獲ってきて、それを育てるしかありません。日本にはウナギ需要の大きなマーケットがあるから、ニホンウナギのシラスだけでは足りなくて、中国はヨーロッパからシラスウナギを買ってきて養殖し、これを日本へ輸出しています。稚魚のシラスウナギが減るから、親になって産卵に帰っていくものも益々《ますます》減るという悪循環になっています。

たけし　ニホンウナギも減っているんですか。

塚本　ニホンウナギも盛時の一〇パーセントぐらいまで落ち込みました。大西洋のウナギに比べたら、まだいいほうですが、油断はなりません。

求められているウナギの完全養殖

たけし　日本のスーパーで売られている安いウナギはほとんど中国で養殖されたヨーロッパウナギなわけでしょう。

塚本　はい、すべてではありませんが、かなりの割合だと聞いています。現在、日本の食卓に出回っているヨーロッパウナギは、二〇〇七年ワシントン条約の付属書2に掲載されることが決まりました。絶滅の危険があるので、輸出に当たっては輸出国の許可証の発行が義務付けられるようになりました。そのうち中国もヨーロッパからシラスを輸入できなくなるかもしれません。養殖されたヨーロッパウナギが日本に来る量もぐっと減ると思いますね。ＥＵでは獲れたシラスウナギの六割を川に放せとか、いろんな規則を作って積極的にウナギの保護にあたっています。今後、食用にするウナギは、人の手で卵から育てた完全養殖のウナギを当てるようにしなければいけないと思います。研究施設でウナギに卵を産ませて、卵からレプト、シラスウナギへと成長させて、それを今の最高の養殖技術で親にする。そこから、また卵を取って……、これを繰り返していけば、養殖用の質のいいウナギがいつかきっとつくれるはずです。

たけし　普通にウナギのオスとメスを飼っていただけでは、卵を産まないわけですか。

塚本　人工的に飼っていると、体は大きくなるんですが、決して成熟しないんです。そこがウナギの不思議なところで、タイやヒラメなど、ほとんどの魚種が今は、簡単に自然催熟できるようになっていますが、ウナギだけはいまだにホルモンを投与しない限り、自然条件だけでは催熟出来ないんです。現在は様々なホルモンをたくさん含むサケの脳下垂体を何回も注射することで成熟させ、無理やり卵を産ませているため、卵の質が悪い。三重県にある水産総合研究センター養殖研究所（現・増養殖研究所）で研究が進んでいますが、その卵から生まれたレプトを苦労して育てて、やっと今、一四百万円ぐらいのシラスが出来るようになった。この技術開発が成功した当初は一匹一千万円もしたそうです（笑）。

たけし　ウナギを完全養殖するには、まだまだ人間が知らないことがたくさんあるんですね。

塚本　はい、まだたくさんの問題を解決しなくてはなりません。だいたい産卵場問題は片がついてきたので、後はウナギの保全のためにも完全養殖の研究を実用化のレベルまで高める必要があります。

たけし　ウナギについては知れば知るほど、分からないことが増えていく感じですね。

塚本　まったく切りがありません。

たけし　ウナギがこんなに奥深い生き物だとは知りませんでした。これからは蒲焼もあだおろそかに食べられないな（笑）。

（「新潮45」二〇〇八年十二月号掲載）

file.04

乾燥すれば不死身！最強の生物がいた

ネムリユスリカの達人

黄川田《きかわだ》 隆洋《たかひろ》

１９７０年岩手県生まれ。農業・食品産業技術総合研究機構上級研究員、東京大学大学院客員准教授。岩手大学大学院農学研究科修了後、農林水産省蚕糸・昆虫農業技術研究所に入所。２００９年東京工業大学で博士号（工学）を取得。著書に『ネムリユスリカのふしぎな世界』。

超低温、高温、放射能にも平気な生き物がいたなんて、ちょっと驚きだね。
ネムリユスリカという昆虫の幼虫は
いったん乾燥すると、とんでもない強さを現すらしい。

六十年以上前にナイジェリアで発見

たけし　黄川田さんは、カラカラに干からびても水をかけるだけで生き返るという珍しい昆虫ネムリユスリカという生き物を研究している。この変わった名前は和名なんですか。

黄川田　和名です。ユスリカというのは蚊の仲間なのですが、この幼虫は体をゆすっているように動くんですね。それで「ユスリ・カ」です。よく川や池の近くに蚊柱が立っていますが、あれはいわゆる蚊ではなくて、ユスリカなんですよ。

たけし　ユスリカの中でもネムリユスリカだけが、幼虫の時に乾燥しても死なずに復活するという。乾燥して休眠状態でいるから、冠に「ネムリ」という名がついたわけですか。

黄川田　そうですね。

たけし　発見したのは日本人なんですか。

黄川田　いえいえ、もともと一九五一年にイギリス人の学者たちがナイジェリアで発見しました。ネムリユスリカの持つアンヒドロビオシスという——、完全に干からびても死なないような状態に変化することをそう呼ぶのですが、この不思議な現象は彼らが一九六〇年に報告したんです。彼らによって「マイナス二七〇度から一〇二度に置いても死なない昆虫の幼虫がいる」と『ネイチャー』誌に報告されました。

たけし　アンヒドロビオシスって聞きなれない言葉ですね。

黄川田　乾燥耐性というもので、一つは我々人間のように体から水分を外に出さないようにする「乾燥回避」。もう一つがネムリユスリカのように、体から水がなくなっても死なないようにする「乾燥許容」があります。後者にアンヒドロビオシスという現象があるんですね。

たけし　乾燥許容か。となると、そのネムリユスリカはナイジェリアとか、暑いところにしかいないわけですか。

黄川田　サハラ砂漠の南側、ナイジェリアの近辺と、あとマラウイといって南アフリカの北側にある半乾燥気候の地域、いわゆるサバナ気候の地域にしかいません。

たけし　ネムリユスリカの幼虫は乾燥するとカラカラになって、一〇〇度近い高温にも、マイナス二七〇度の超低温にも耐えられる。さらに驚くのは、ヒトのリミットの千倍以上の放射線量を浴びても平気だという。こんな長い地球の歴史の中で、絶滅してしまったものも含めて、こういう生き物はいなかったんですか。

黄川田　乾燥しても死なないという生物は結構いるんですよ。バクテリア、カビなど、単細胞生物まで見ていくと、普遍的に乾燥しても死なないという現象はあるんです。よく知られているところでは、道端の苔《こけ》むしたところにいるクマムシがそうです。ただし、これらは肉眼では見えない。ネムリユスリカが人間が目視できる乾燥しても死なない動物の中では一番小さいでしょう。

たけし　単細胞生物と違って、これは昆虫だから繁殖するには、オスメスがいて卵を産む、有性生殖なんですよね。

黄川田　そうです。卵から孵《かえ》って、幼虫の時期が一カ月ほど、それからさなぎになって、一日か二日で成虫になります。

たけし　蚊の仲間だから、ボウフラの時期もあるんですか。

黄川田　ユスリカの幼虫は赤いので、ボウフラではなくて「アカムシ」と呼びます。人間の血液と同じように、酸素を運搬するヘモグロビンを持っているので、低酸素状態の環境下でも生きていられる。だから、幼虫は泥や水の底のほうで生活しているのですが、大丈夫なんです。ところが、血を吸う蚊の幼虫である普通のボウフラはヘモグロビンを持っていないので、お尻《しり》を水面の上に出して呼吸しているんですね。ユスリカグループのほとんどが血中にヘモグロビンを持っています。アカムシがさなぎになって成虫になるのは、どのユスリカでも同じです。しかし、幼虫の時期にひからびても死なないというのは、唯一《ゆいいつ》ネムリユスリカだけなんです。ネムリユスリカの幼虫だけが、八カ月もあるアフリカの乾季を乗り越える術《すべ》として、乾いても死なないという方法を編み出したんですね。

たけし　蚊の仲間だといっても、蚊とは違うんですね。

黄川田　ですから、人間の血は吸いません。そもそも成虫になったネムリユスリカには口がないんです。それで二日ぐらいしか生きないので、一カ月ほどの幼虫の時期に貯め込んだエネルギーだけで飛翔《ひしょう》して、交尾して、あとは力尽きます。

たけし　儚《はかな》いな。幼虫の時期は、何でも食べるんですか。

黄川田　口に入る大きさのものだったら、何でも食べます。仲間の死体でも食べてしまいます。

SF映画が変わる？

たけし　その幼虫の時に乾燥すると、低温だろうが高温だろうが、放射線があろうが、耐えられるそうですね。

黄川田　宇宙空間にさらしても問題ありません。現在、宇宙に有人ロケットを定期的に打ち上げているのはロシアだけですが、そのロシアと我々は共同研究をしています。宇宙船の外に乾燥したネムリユスリカを二年半さらしたのですが、大丈夫でした。

たけし　この虫を入れた容器の方がボロボロになったとか。

黄川田　宇宙ではプラスチック容器のほうがドロドロに溶けてしまった。中に入っているネムリユスリカもアウトだと思って、こじあけて、お湯をかけたら、生き返ったんです（笑）。なぜ、そうした実験をするかというと、生物が宇宙空間を長時間移動するためには、栄養摂取と排泄《はいせつ》が一番の問題なんです。例えば、ヒト一人を送るためには、ものすごい量の食料が必要になる。とすれば一番いいのは、まさに新陳代謝を休止状態にすることです。ネムリユスリカの幼虫だったら、酸素ガスの供給を断たれても平気なうえ、そのまま宇宙空間を飛ばしといて、到着してから温かいお湯をかけて、酸素を供給すれば、その場で蘇生《そせい》できる。

たけし　それは、いわゆる仮死状態とは違うんですかね。

黄川田　定義の問題ですけど、この生物に関しては、代謝は全くないので、限りなく死に近い状態の仮死状態です。

たけし　もし、それが人間にも応用できるようになったら、ＳＦの世界が変わるね。『エイリアン』なんかの映画を見ると、人間を冬眠状態にさせるカプセルが宇宙船の中にあって、そこで宇宙飛行士が目を覚ます。しかし、これからは干からびたミイラみたいな宇宙飛行士にお湯をかけると、蘇生する。ＳＦファンから「ふざけるな」と怒られそうだ（笑）。

黄川田　まさに生き物のカップヌードルですね（笑）。ただ、乾燥する前と後で、記憶が残っているか否《いな》かがまだ分かっていません。それこそ記憶のメカニズム自体がまだ解

［左］ネムリユスリカの幼虫［中］最強の状態となった乾燥した状態の幼虫
［右］雄の成虫　写真提供：農業生物資源研究所

明されてませんよね。記憶が脳神経の活動であるのならば、常に動的な状態でなければいけない。乾燥してしまうと（神経は）静的な状態になりますが、それでも記憶のメモリー自体が残るんだったら、記憶という概念を変えなければいけないと思うんですよ。もし消えるのであれば、やはり動的な状態が残らない限り、記憶はリセットされてしまう。だから、この技術を人に応用する時には注意しなければいけない。

たけし　蘇生したら記憶が消えてしまうかもしれない。

黄川田　でも、仮に記憶が戻らなければ、つらい過去とか、忘れたい記憶が全部消せるというメリットはあるかもしれないですね。ですから、この生物の使い方次第では、記憶や脳神経科学の材料として使うことも出来るわけです。今日は乾燥したものを五十四ほどプラスチックの試験管チューブに入れて持ってきましたので、お時間が許すんでしたら、ネムリユスリカを復活させますが。

たけし　是非是非、お願いします。

黄川田　蘇生するまでに、小一時間ぐらいかかると思います（黄川田氏、お湯のほうが早く蘇生するため、乾燥したユスリカの幼虫にお湯を注ぐ）。

たけし　思った以上に小さいですね。数ミリしかない。こんな小さな生き物に目をつけた人は相当偉いと思うね。

黄川田　多分、水たまりが乾燥した後の土壌を調査していたんだと思うんですよ。その過程で、土に水をかけたら何かもぞもぞ動くやつが出てきた。よく見たらユスリカじゃないかという話になって、調べていったら乾いても死なないという能力を持っていることが分かったんだと思います。

たけし　テレビ番組で一度、乾燥した肺魚に水をかけたら、生き返ったというので、驚いたことがありました。

黄川田　アフリカの半乾燥地帯に住んでいる肺魚は体の周りに自分の唾液《だえき》で繭《まゆ》のような構造を作ります。その繭が保水膜のような役割をすることで、体が乾燥するのを避けて、三〜四カ月続く乾燥の時期を乗り越えることが出来ます。

たけし　ネムリユスリカは、それとはケタが違いますね。何十年と乾燥した状態からでも生き返ることができる。

黄川田　記録上では最長十七年保存した状態から蘇生しています。それはあくまで記録上で、イギリス人の研究者が一九六〇年代に作ったアンプル（ガラス状の容器）を一九八〇年代に開けた科学者がいるんですよ。そのアンプルは何本か残っているらしいのです。今、開けても五十年以上は経《た》っていることになりますが、できたら百年は欲しい。しかし、その六〇年代に作ったアンプルは、開けて水を入れたら最後ですからね。ワインと一緒で、開けたらおしまいです（笑）。

頭を切っても蘇《よみがえ》る

たけし　ところで、このユスリカの仲間というのは、昆虫の中では出現した時代が新しいんだそうですね。

黄川田　先にも蚊の仲間と言いましたが、正しくはハエ目ユスリカ科になります。特徴は羽根の数が二枚しかないということ。普通の昆虫は羽が四枚ですが、進化したハエや蚊は二枚でも大丈夫なようになっている。約二億五千万年前にハエや蚊、ユスリカのグループに分かれて、その中からネムリユスリカが生まれたのは、およそ二千五百万年前。新生代に生まれた比較的新しい生き物です。

たけし　そういう意味では相当進化している。ヒョウガユスリカといった種類は、冷涼な環境の中でしか生きられないから、手の上に乗せただけでも、手の温度でやけどして死んでしまうという。他にも非常に酸の強いところでしか生きられないサンユスリカとかもいるらしいですね。

黄川田　まさに新しいがために、棲《す》み分けして生きるようになったんですね。多分、人類は自分たちの棲みかを得るために他の生き物と戦って追い出して、その場所を広げてきた。でも、ユスリカの仲間は逆で、あえて誰もいないようなところに棲むことで、自分たちが生き残るという戦略を取ってきたんです。ネムリユスリカも普通の生物だったら乾燥して生き残れないような環境を棲みかにして、そこに適応するように進化してきたというわけです。

たけし　この昆虫は頭を取っても死なずに生きてるそうですが、頭と体、どちらが生きていたんですか。

黄川田　一般的に昆虫はタフな生き物で、ちょん切られたパーツごとに生き残ることができます。それ自体は昆虫を使った実験をする上で、特別なことではないのですが、要は乾燥耐性に脳が関与しているかどうかを調べたかったので断頭しました。首から下だけを干からびさせたものをシリカゲルの入った密閉容器に放っておいて、三カ月後に水を入れたら、再び動き出しました。多分、切られた側の頭も同様に生き返ると思います。

たけし　それじゃあ、頭はどんな役目をしてるんですか。

黄川田　この乾燥耐性というメカニズムについて言えば、脳が何か命令しているわけではありません。例えば蚕の休眠とか、熊《くま》の冬眠とかは、季節の変化を脳が感知して、体が準備していきます。しかし、この乾燥しても死なないタイプの生物は、多分全《すべ》ての細胞が「乾燥」というシグナルを何らかの形で感受して、乾燥耐性を発揮して、干からびても死なない状態にしているんだと思われます。

たけし　黄川田さんはＤＮＡの解析がご専門ですよね。どうしてネムリユスリカが干からびても死なないのか、どのＤＮＡの部分が、どういう役割を果たしているかというのは、分かっているんですか。ある程度、先読みして「こうではないか」という仮定のもとに調べているんですか。

黄川田　先読みした部分も確かにあります。というのも、乾燥した幼虫の中にトレハロースという糖分が溜《た》まっていて、それが大事だという事実は、ゲノムを解析する前に分かっていました。でも、それだけではないはずだと思って、ネムリユスリカに近縁だけど、乾燥したら死んでしまうヤモンユスリカと比較しました。両方ともゲノムを解析して、ネムリユスリカにしかない遺伝子配列があったら、それが乾燥耐性に関わっているんだろうと当たりをつけました。二つを比較してみたら、案の定ネムリユスリカにしかない遺伝子領域があったんです。そこがどのように機能しているかを、今研究しようとしているんですね。

トレハロースとLEAたんぱく質

たけし　トレハロースが細胞の中に溜まっているというのは、いわば細胞が糖蜜《とうみつ》に漬かったような状態になる感じらしいですね。

黄川田　乾燥した幼虫を調べると、体重の二割程度がトレハロースに置き換わっています。細胞の中がキャンディーのような状態になります。生物の体の中から水分がなくなると、たんぱく質や体の中のいろんな成分が壊れて死に至るのですが、トレハロースは水と置き換わって、それを起こさせない性質を持っています。だから、たんぱく質が形を変えずに済む。ヒトの場合は体重の六〇パーセントぐらいが水で、その一〇パーセント以上の水が失われると死に至ります。しかし、ネムリユスリカは体内の水分が三パーセント以下になっても大丈夫なのは、そういう理由からです。むしろ、トレハロース漬けの状態になって初めて、十七年間も乾燥保存状態を維持できるようになるんです。

たけし　つまり、体の中から水をなくすことにメリットがあるということですか。

黄川田　細胞が安定するからです。水というのは物質を化学反応させやすくします。

平たく言えば、水があるから、物が変化しやすいのです。だから、水という溶媒がなくなれば、ある意味で物質は安定化します。トレハロースにはもう一つ大きな能力があって、ガラスのような状態になる。細胞は水がある時は膨らんでいるのですが、水がなくなるとひしゃげてしまいます。一度ひしゃげると、いくら水を入れても元には戻りません。トレハロースはガラスのように細胞を固めることで、ひしゃげるのを防ぐのです。

たけし　乾燥した幼虫を水につけると、そのトレハロースはどうなるわけですか。

黄川田　細胞の中に水が入ると、それが溶け出して、最終的にはガラス状態だったキャンディー成分が完全に分解されて、再び水に置き換わって、元通り動き出すわけです。

たけし　仕組みがよく出来ていますね。

黄川田　トレハロースだけではありません。「ＬＥＡたんぱく質」という特殊なたんぱく質が乾燥時に細胞内のたんぱく質同士がくっついて固まるのを防いだりしています。また、乾燥の過程で活性酸素（いわゆる悪玉酸素）によってＤＮＡが傷つくのですが、ネムリユスリカは、ＤＮＡを保護し、また修復することもできるのです。これが放射線に強い秘密だと思われますが、なぜそれが可能なのか、そのメカニズムはまだによく分かっていません。酸素は体の中を錆びさせるので、酸素のない宇宙は、この生物にとっては居心地のいい空間だと思います。宇宙では細胞が酸化しないので、地球上にいるよりも、もっと長持ちするはずです。

たけし そうしたメカニズムを調べるために、DNAを解析したりするわけですね。

黄川田 ネムリユスリカの遺伝子の数は約一万七千個あるんですが、既に分かっている遺伝子と似たようなものが半分ぐらい。残りの半分の役割はよく分からないんです。

ということは、新たな機能を持ってる遺伝子がまだまだあるはずです。その中でも、ヤモンユスリカとネムリユスリカを比較すると、ヤモンになくてネムリにあって、しかも機能不明の遺伝子というのが幾つかある。これらはもしかしたら「宝の山」なんです。我々の知らない機能がこの中にあるのかもしれない。トレハロースでもなく、LEAたんぱく質でもなく、何か素晴らしいものがあるかもしれない。これからも掘り下げて研究していかなければならないことがたくさんあります。

たけし そんな宝の山なのに、ネムリユスリカって、まだあまり知られていませんよね。

黄川田 ですから、こういうものを作ったんです（ぬいぐるみを取り出す）。ユスリカの幼虫のぬいぐるみですね。

たけし　これには目も口もあるけど本当にあるんですか。

黄川田　幼虫には口はありますが、こんな大きな目はないです。あくまでぬいぐるみですから（笑）。こういうのを作って説明すれば、小学生にも興味を持ってもらえるのではないかと思っているんです。

たけし　宣伝方法としては、雑誌『ムー』の編集者やたま出版の韮澤（潤一郎）社長とか、宇宙人が大好きな人たちに「これは宇宙から来た生物だ」と取り上げてもらう。脚光だけ浴びさせといて「実はそうじゃない」という手もある（笑）。ところで、黄川田さんは、もともとは大学院卒後に農水省の蚕糸・昆虫農業技術研究所（現・国立研究開発法人農業生物資源研究所）に入って、山梨の小淵沢《こぶちざわ》で蚕の飼育をしていたんですね。筑波《つくば》の研究所に戻ってこいということになって、そこでネムリユスリカに出会って研究を始めた。

黄川田　本当に偶然です。蚕の卵の中の糖の分析をしているうちに、どんなものでも細胞の中の糖の量を測れるようになりました。既にネムリユスリカの研究を始めていた奥田隆という研究員が糖の分析をできる人間を探していて、そこから僕が関わるようになったんですね。

たけし　本格的に研究し始めてから何年ぐらいですか。

黄川田　二〇〇〇年に奥田がネムリユスリカの飼育法を開発してからなので、ちょうど十五年です。最初にもふれましたが、その前は、イギリス人のH・E・ヒントンというブリストル大学の教授が一九五一年ぐらいから六〇年ぐらいまで、十年ほど研究していました。それ以降は、パタッと研究が止まってしまった。

「宝の山」をどうするか

たけし　ヒントンさんは、何を研究してたんですか。

黄川田　それこそ乾かしても死なないとか、液体ヘリウムに入れても死なないとか、基礎的な生理学実験をしていました。

たけし　そうやっても死なない生物がいるというだけで、それがなぜなのかは、遺伝子の解析などが出来なかったわけだから分からなかった。それ以上やりようがなかったんでしょうね。今が一番研究できる時期かもしれない。しかも、最初はたった三人で始めたという。

黄川田　そうですね、私と奥田と渡邊匡彦《わたなべまさひこ》という研究者の三人で二〇〇〇年にグループを立ち上げたんです。渡邊は残念ながら病気で亡《な》くなりましたが、少しずつメンバーを増やしてやってきました。いまだに、世界中でうちだけがネムリユスリカを扱っている唯一のラボになります。

たけし　さっきの「宝の山」を狙《ねら》って、アメリカが本腰入れて研究してきたらすごそうですね。

黄川田　それが怖いので、先手を打っていろんな論文を出していかないといけない。研究の世界は本当に食うか食われるかの競争です。先に論文を出されたらアウトですから、アドバンテージのある間に、どれだけ点数を稼ぐかが大事です。

たけし　その「宝の山」をどう利用して、人類に貢献できるような技術にしていくかはこれからなんですね。

黄川田　はい、これからです。

たけし　人間を乾燥して蘇生できたらノーベル賞だね。ノーベル賞授賞式に乾燥したまま現れて、お湯かけられて蘇る。そのお湯が熱すぎて、「あちちっ」って言いながら生き返ったら、おいらの「熱湯風呂《ぶろ》」だって（笑）。

黄川田　現実的な話からすれば、一つ考えているのは、例えば診断薬などの乾燥保存技術に使えないか。現在、たんぱく性の製剤が増えているのですが、問題は保存できる期間が短いことなんです。保存するにしても、冷蔵庫や冷凍庫に置かなければいけない。置いたとしてもせいぜい一カ月です。もしこの技術が使えると、常温で乾燥した保存状態で置けるうえ、冷蔵庫を使わなくてもいいから電気も必要ない。ですから、震災があっても大丈夫だし、電気が通っていないような地域でも、そうした医療技術が使えるようになります。

たけし　やはり応用としては医療ですかね。

黄川田　あとは培養細胞の場合だと、それこそｉＰＳ細胞のようなものは極低温保存しなければなりません。これも乾燥保存できるようになれば、自分の細胞を乾燥した状態で持っておいて、必要な時に培養細胞の溶液に入れて、元に戻せば、また自分の細胞として使えるようになるはずです。

たけし　さっき話が出た細胞を保護したり、修復させたりする能力というのも人類の役に立つ可能性がありそうですね。

黄川田　遺伝子を修復する能力が高いことをうまく使えば、放射線照射で遺伝子が傷つくのを緩和するような技術とか、そういう薬を作れたりするかもしれない。

たけし　原発の労働者に使えば、被曝《ひばく》が防げるようになる。

黄川田　あと、トレハロース自体もアルツハイマー病に効くのではないかと研究している方がたくさんいます。

たけし　それはすごいですね。
黄川田　先程も説明しましたように、トレハロースにはたんぱく質がひしゃげて凝集するのを防ぐ効果があります。だから、乾燥した幼虫は水を入れてあげると、凝集せずに元通りに動くわけです。脳で起きるアルツハイマー病も、脳の神経細胞のたんぱく質が凝集して変性してしまったことで生じます。そこにトレハロースを入れてやると緩和されるかもしれないということが言われています。この虫を見ていると、あながち嘘《うそ》でもないのかなと思うんです。
たけし　この虫を煎《せん》じて飲んだら、脳に効かないかな（笑）。
黄川田　トレハロースやLEAたんぱく質は、たんぱく質を凝集させづらくする効果があるので、神経変性症の治療薬とか緩和薬に使える可能性を考えている人は多いですね。
たけし　もっと身近なところで言えば、これで食料保存も完璧《かんぺき》ですね。お湯をかければ元に戻るのだから。
黄川田　この技術は鮮魚の保存なんかにも使えるかもしれません。たとえて言うなら、イカを乾燥させたらスルメになってしまって、お湯をかけても元に戻らないけれど、同じ技術を使えば、乾燥した「イカ刺し」を元に戻すことが出来るかもしれません。

たけし　そのうち人間だって、ミイラから蘇る可能性がある。ラムセス二世がこの昆虫を知っていたら、「ただ乾燥させてミイラにするだけじゃ、ダメだ」と悟ったかも（笑）。

ベナンにもいるかもしれない

黄川田　残念ながら、ナイジェリアとは同じアフリカ大陸ですが、エジプトにはこの虫はいません。ナイジェリア近辺にはいるんです。カメルーンにいるのも分かっていますし、ブルキナファソにもいる。多分ベナンにもいますね。

たけし　えっ、ベナンって言えば、おいらの元付き人のゾマホンの出身地だ。ゾマホンに「これの研究施設を作れば、世界中の学者が、大勢来るぞ」って教えてやろうかな。ベナンではまだ見つかっていないんですか。

黄川田　ええ。そもそも発見したのがイギリス人の学者で、一九五〇年代はまだナイジェリアはイギリス領でした。一方、ベナンはフランス領。それでナイジェリアで発見されてきたのだと思います。ただ、ナイジェリアでこの虫が生息している地域と、イスラム過激派のボコ・ハラムが占領している地域がほぼ重なるので、現在は命がけで行くことになるんです。

たけし　今はネムリユスリカの繁殖も可能になっているそうだから、わざわざ採取しに行く必要もないわけでしょう。

黄川田　いや、やっぱり自然環境のものと飼育環境の中のものとは違うので、できたら採取に行きたいんです。この虫が進化した素地は、幼虫が棲んでいる土の中に秘密があると思っています。ネムリユスリカをゲノム解析してみたら、どうやら土の中にあるバクテリアから、この虫に遺伝子が入っていって、乾燥耐性を持ったようなのです。だから、この虫がもともと乾燥耐性を持っていたわけではなくて、周りの環境に乾燥耐性を促すようなシステムがあったおかげなんです。

たけし　それじゃあ、土が鍵《かぎ》なんですね。

黄川田　土を調べたら、この虫と同じようなシステムを持っているやつらが、もっといるはずなんですよ。

たけし　おいらもその土を食べたら不死身になるかな（笑）。

黄川田　ただ、土は植物防疫《ぼうえき》法という法律があるため、特別な許可がない限り持ち帰ることが出来ません。土に関しては許可を取るか、あるいは向こうの研究者と共同研究計画を組んでやらないといけない。土そのものでなくても、そこから抽出したものでも研究に使えるかもしれない。いずれにしろ現地調査は今後も必要だと思うんですね。だからナイジェリアへ行けないんだったら、ベナンはナイジェリアのちょうど真横です。緯度的に見て、ベナンの北部にいる可能性があるんです。

たけし　ゾマホンって今はベナンの駐日大使をやっているけど、おいらが駐日大使にしたようなものだからね（笑）。ベナンの大統領も知ってるから、おいらがゾマホンを通じて、大統領に言ったら、兵隊をつけることも出来るかもしれない。

黄川田　本当にお願いしたいです。ナイジェリアは政情不安の上に政治的な問題があって困っているんです。ブルキナファソにいることは確認されていて、ブルキナファソとナイジェリアの間が、ベナンとかガーナなので、そこにいてもおかしくない。だけど、行ってみないと分からない。調査するのには時間がかかるので、行って探し回っていられるだけの余力と、安全が確保されていないといけないわけです。

たけし　本当に研究者というのは大変な職業ですね。

黄川田　あっ、そろそろネムリユスリカが蘇生してきました。どんどんどんどん起きてきましたね。これは弱ってるやつがいると先に起きた奴が食いつくんで、後から起きるやつは気が気じゃないんですよ（笑）。

たけし　こういうのを見ていると、ほんと人間ってまだまだという気がしますね。万物の霊長なんて嘘だな。

黄川田　干からびても死なないという一見単純なことが、人間には絶対できないですからね。

たけし　今の思想も哲学も人間中心に考えられている。でも、この虫にとっては、生の概念も死の概念も違う。地球上で人類が運よく進化してきて、いろんな文明を作ってきたけれど、現実的にこういうのを見せられてしまうと、築き上げてきた思想も哲学も根底から揺さぶられてしまうよね。

黄川田　我々は、生物の相は三相に分かれていると考えています。生きてる、死んでる、そして三つ目が干からびても死なないという状態です。乾燥耐性を持っている生物が何種もいるということが、生物としての普遍性につながると思うんですね。ネムリユスリカだけだったら特殊例ですけど、クマムシやワムシ（水中の微生物）、植物の種も乾燥耐性を持っている。人間からすると特殊に見えることが、生物界全体で見ると普通の話といえるわけです。だから、生きてる、死んでる、その二つだけの相しかないということが、むしろ特殊なんです。我々の常識ではそんな状態にならないと思い込んでるだけ。まさに真理というのは、我々が知らないところにあって、常識と真理は必ずしも一緒ではない。人間の常識は嘘かもしれないと考えておかないといけないと思う。「死と生も、我々の常識はこうだけれど、実はそうじゃない」ということをネムリユスリカは如実《にょじつ》に示しています。

たけし　人間にとって一番重要な問題は生きることと死ぬこと。だから、神とか宗教を考え出したわけだけど、ネムリユスリカを見せられると、そんなことがバカバカしくなるね。こんな小さな昆虫のおかげで、何か深淵《しんえん》な哲学に触れたような気がしましたよ。

（「新潮45」二〇一五年十二月号掲載）

file.05

深海に潜む巨大イカの生態に迫れ

ダイオウイカの達人

窪寺《くぼでら》　恒己《つねみ》

１９５１年東京都生まれ。国立科学博物館標本資料センター・名誉研究員。北海道大学水産学部、大学院を経て82年水産学博士。２０１２年、小笠原沖の深海で生きたダイオウイカの動画撮影に成功。著書に『ダイオウイカ、奇跡の遭遇』（新潮社）など。

日本中を賑《にぎ》わせた巨大イカに迫る。
となれば世界で初めて、
生きたダイオウイカを撮影した先生に話を聞こう。
皮膚は黄金に輝き、最大で全長18メートル……。
いったいどんなイカなんだ！

ダイオウイカは一種類だけ

たけし　窪寺先生は二〇一二年夏に小笠原の深海に棲《す》む謎《なぞ》に満ちたダイオウイカの撮影で奇跡的な成功を収めた。その様子は二〇一三年にＮＨＫで放映されて大反響を呼びましたね。この巨大イカを撮影するプロジェクトはＮＨＫと国立科学博物館の他にアメリカのディスカバリーチャンネルも協力していたから、おいらはＮＨＫとディスカバリーの両方見ている。ディスカバリーでは、アメリカ人の女性の学者が人工的な発光装置でダイオウイカをおびき寄せようとする映像だった。

窪寺　ディスカバリーチャンネルは基本的にアメリカの放送局ですから、日本人の私が中心になってはまずい（笑）。プロジェクトチームの中に生物発光の世界的権威であるイディ・ウィダー博士がいたのですが、彼女が持ち込んだメドゥーサという三十時間も撮影可能な無人の深海カメラシステムで、チームの中でダイオウイカの動画撮影に最初に成功しました。ディスカバリーとしては、やっぱりそこを前面に出したかったんだと思います。

たけし　その女性科学者が撮影したのは、ダイオウイカの足だけで、全身の姿を映像で捉《とら》えたのは先生が世界初でしょう。ダイオウイカは最大で全長が十八メートルにもなるという世界最大級の無《む》脊椎《せきつい》動物。その生態はまったく謎の生物だった。それに間近で遭遇して撮影してしまうのだから、「引き」が強い（笑）。そもそも先生がダイオウイカに興味を持ったきっかけは何だったんですか。

窪寺　私はイカ・タコなどの頭足類を専門に研究してきましたが、ダイオウイカに興味を持ったきっかけは、うちの博物館の展示です。一九九八年に国立科学博物館の百二十周年記念として、「海に生きる――くうか・くわれるか」という特別展をやりました。その時の目玉展示として、ダイオウイカを登場させようとして探し始めたんです。いくつか個体を手に入れて、比べてみるとどうも格好が違うんです。その中の典型的な個体を展示に使ったのですが、それでまずダイオウイカの分類を研究し始めた。さらに標本を集めると、日本近海のダイオウイカには形態の異なる三つのタイプがあることが分かった。ところが、ニュージーランドのエレン・フォルシュという女性研究者が十六個体を調べて、「ダイオウイカというのは形態の変異が大きい。だから全部一種類だ」という論文を先に出したんです。私は形態から三種類に分けようと思っていたのに、向こうは変異があったとしても一種類だという。それで困ってしまって、今度はDNAを調べてみたら、本当に違いが出ないんですよ。

たけし　ダイオウイカは全《すべ》て一種類なんですか。

窪寺　ええ。最近海外の研究者と協力して調べたミトコンドリア全ゲノムでも確認されました。分類の研究を続けているうちに、こんな大きなイカが何処《どこ》でどんなふうに生活しているのか、それを調べてやろうと思った。

データロガーで分かってきた生息域

たけし　それでダイオウイカが小笠原諸島の海域にいるらしいというのは、どうして分かったんですか。

窪寺　ダイオウイカが何処にいるかは、最初の頃は分からなかったんです。だいたいダイオウイカの存在が知られるようになったのは、死んだダイオウイカが海岸に打ち上げられたから。ところが、こんなでかいイカが何処に生息しているか、研究者は長いこと分からなかった。それがだんだん分かるようになった。というのは、十七世紀中頃から二十世紀にかけて盛んに行われたマッコウクジラの商業捕鯨によるところが大きい。捕獲したマッコウクジラを解体して、胃袋を開くと、中からダイオウイカが出てきた。つまり、マッコウクジラはダイオウイカが棲んでいるところまで潜って、それを食べていることになる。

たけし　そのマッコウクジラが小笠原の海に生息しているわけですね。

窪寺　ええ。小笠原は面白い海域で、あそこでマッコウクジラのメスが子どもを育てている。基本的にオスはあまりいない。オスはたまに来て、交尾してまた離れて行ってしまいます。私の旧知の森恭一博士が小笠原に移住して、十年以上マッコウクジラ、イルカの出現域などを研究していました。その彼が子連れのマッコウクジラがこんなにいるんだから、餌《えさ》も当然いるはずだと知らせてくれて、それで小笠原に狙《ねら》いを定めたんです。ただ、マッコウクジラがどのくらいの深さまで潜るのかはなかなか分かりませんでした。ところが、今はデータロガーという装置があります。以前、データロガーの専門家の佐藤克文《かつふみ》先生とも対談されたそうですね。

たけし　ええ、面白かったです。

窪寺　動物にデータロガーを取り付けることで、動物が自ら自分の行動を記録してきてくれる。それでマッコウクジラがどのぐらい潜るかが分かってきた。それによると、少なくとも私たちが調査をしている小笠原諸島では、クジラは日中が一〇〇〇メートルぐらいまで、夜間は六〇〇メートルぐらいまで潜っているというデータが取れた。マッコウクジラがダイオウイカを食べているのだから、その水深を狙ってカメラを下ろしていければ、ダイオウイカの映像が撮れるんじゃないか。そう目星をつけて、二〇〇四年に水深九〇〇メートルの深海でダイオウイカの静止画像の撮影に成功しました。今回、我々が潜っていった時も、ダイオウイカがいるとすれば六〇〇メートルから一〇〇〇メートルぐらいの間だろうと考えました。

たけし　きっかけだった特別展から十数年経《た》って、今回の快挙が実現したわけですね。

窪寺　データロガーの中に小型のカメラが仕込まれているカメラロガーを借りてきて、小笠原で調査を始めたのが二〇〇二年です。浮きをつけた旗竿《はたざお》から長い縄を海中にたらして、その縄の先にカメラロガーを取り付けその下に餌をつけたイカ針を仕掛けました。それで二〇〇四年、調査を開始してから三年目にしてダイオウイカの触腕、十本の腕のうち二本だけ長い腕があるのですが、その一本がイカ針にひっかかってきた。縄の先にはカメラロガーがついていましたから、カメラにダイオウイカが写っているはずだと確信しました。カメラを調べてみると、ダイオウイカが長い腕を広げて、その間に触腕を丸めこんで餌を抱えている姿が写っていた。さっきも言いましたが、ダイオウイカの静止画撮影に成功したんです。生きているダイオウイカを彼らの生息水深で撮ったのは世界初でした。それをもとに論文を書いたところ、欧米でものすごい反響がありました。海外の報道を受けて、日本のメディアが後から取材にやってきた（笑）。

たけし その時の報道は覚えていますよ。その頃に弟子入りした奴《やつ》に「ダイオウイカオ」という芸名をつけようとしたら、「勘弁してください」って断られた（笑）。

窪寺 その後、二〇〇六年には今度はダイオウイカが釣れたんです。生きたまま海面まで上がってきて、その動き回る様子を船の上からビデオで撮影しました。これがやはり世界で初めて生きているダイオウイカを撮った動画になりました。そこで撮った映像をニュースに流したところ、これもそれなりにメディアの反応があった。ですから二〇〇四年に静止画を撮って、二〇〇六年に動画を撮って、世界中の注目を集めたんです。その後も調査を続けていたのですが、なかなか成果がなかった。そこでNH

Kが本腰をいれて、ディスカバリーと共同して二〇一二年の夏、大規模な撮影・調査プロジェクトを行ったわけです。私も今までの経緯から参画することになって、ついに深海にいるダイオウイカを自分の目で見ることができた。だから何かダイオウイカとは縁が深いというかね……。

たけし　先生こそ「ダイオウイカオ」の芸名にふさわしいね（笑）。それにしても、データロガーといい、今回使用された潜水艇といい、やはり今回の成果は技術の進歩に支えられている。宇宙もそうだけど、どうやって観察するかは機械に頼らざるをえない。今、潜水艇はどのぐらいまで潜れるんですか。

窪寺　日本が持っているのは「しんかい６５００」で、六五〇〇メートルぐらいまで潜れる。世界には七〇〇〇メートルぐらい潜れる潜水艇もあったはずです。

たけし　基本的には宇宙より海底のほうが、まだまだ調査されていないという感じがありますね。

窪寺　深海というのは、本当に真っ暗で何も見えないんですよ。だから、なかなか分からない。

深海はダイオウイカだらけかもしれない

たけし　ちなみに「深海」とは何メートルからですか。

窪寺　深海というのは「深い海」という意味で、たいした定義はないんです。ただ、それでは困るので、二〇〇メートルという水深を挟んで、浅海と深海に分けています。なぜ二〇〇メートルかというと、陸から比較的傾斜の緩やかな大陸棚が水深二〇〇メートル付近まで広がっているのですが、その先は大陸斜面といって傾斜が急になり深い海に続いているからです。それと植物プランクトンの光合成ができる深さ、つまり光が届く深さがだいたい二〇〇メートルぐらい。そういう意味で浅海と深海に分けられています。深海には光は届かないので、今回、NHKが開発した超高感度ビデオカメラ（EM‐CCD）を使用しました。人間は光が届いた範囲のものしか見られない。見えないものは、ないのと一緒なんです。

たけし　見えなければ、存在しない。お化けと一緒だ。

窪寺　私もダイオウイカの研究を始めた時は、調査捕鯨で捕獲されたマッコウクジラの胃の内容物を調べていたわけですが、胃の中からものすごい量のイカが出てくる。

一頭がだいたい一日五〇キログラムぐらい食べるとしたら、それだけの量のイカがマッコウクジラが潜る深海の中深層（五〇〇メートルから一〇〇〇メートル）にいなくてはいけない。でも今まで、その中深層で調査が行われても、あるいは「しんかい6500」といった潜水艇が潜っても、そんなにイカがいたという報告はなかった。

たけし　今回は潜水艇の近くまでダイオウイカを餌でおびき寄せて、その撮影に成功した。もっと感度の高いカメラがあったら、撮影されたヤツの向こうにもダイオウイカが群れになっていたかもしれませんね。

窪寺　ええ。もっといた可能性はあると思います。マッコウクジラは今、北太平洋に二十万頭ぐらいいますが、彼らが食べているイカのうち、重量にすると二割近くがダイオウイカ。そうやってダイオウイカの生息数を推測していくと……。

たけし　すごい数になるわけですね。数十億匹ですか。

窪寺　ええ、そういう計算になります。

たけし　食べ物から推測していくというのは面白いですね。ネス湖にネッシーがいるわけがないという根拠に、ネッシーが生存していけるほどの餌がネス湖にないことが挙げられている。ともあれ、先生の話を聞いていると、今度はマッコウクジラがダイオウイカを食うところを見たいな。どんなふうに食べているのか気になります。

窪寺　おっしゃる通りで、この次はそれを撮りたいですね。ここまできたら後はマッコウクジラにデータロガーのカメラを取り付けて、クジラが海深くに潜ってダイオウイカだけではなくて、いろいろなイカを食べているシーンを撮ってみたい。

たけし　しかし、クジラも動いているから、その背中にカメラを取り付けるのが難しいですね。

窪寺　それに背中に取り付けても、クジラの口元は映らないんです。今、面白いことを考えている人がいましてね。データロガーの中にプロペラをくっ付けて、そのプロペラの力でカメラを最初に取り付けた位置から動かして、なるべく口に近いところまで何とか持っていけないかという案があるんです。

たけし　やっぱり、いろんな技術が開発されることが必要なんだ（笑）。先生のところで、今回のプロジェクトで使っていたような潜水艇は作れないのかな。

窪寺　博物館はお金がないので無理ですよ。今、ＪＡＭＳＴＥＣ（海洋研究開発機構）で、この間の調査で使ったような透明アクリルドーム型の人が乗れる潜水艇を開発しようとしています。あの船はアメリカ製で、アクリルの厚さが二十センチぐらいある球体です。我々が乗った船の直径が三メートルあるかないか。アクリルの潜水艇は二つ用意してあって、「トライトン」というのが三人乗りで、もうひとつが「ディープローバー」という二人乗り。トライトンに、パイロットと私とカメラマンが三人乗って、ディープローバーにはパイロットとカメラマンが乗りました。トライトンの中はすごく狭いし、閉所恐怖症の人なら困るだろうなと思ったんです。ところが、海中に入ると全然違う。アクリルを通してまわり一面の海を見渡せるので、開放感があるんです。

たけし　景色が開ける感じなんですかね。

窪寺　水族館は外から水槽の中を見ていますが、それとはちょうど逆な感じです。ところが、日本の法律ですと、深海まで潜るのは、このようなアクリル製ではダメで、鉄製の潜水艇でないといけない。

たけし　そんな法律があるんですか。アクリルでも水圧に耐えられると言ってもダメなんですか。

窪寺　ダメみたいですね。その法律を変えないと、ああいうアクリルの球で作った潜水艇では潜れない。

たけし　海の中で潜水艇は有線で動いているんですか。

窪寺　海の中はもう自走です。一〇〇〇メートルまで安全に潜れる設計ですが、それよりも深く潜る可能性がある場合はロープをつけさせられます。海上にテンダーボートという支援船がいて、そこから長いロープをつけて、一〇〇〇メートルより深く潜れないようにしてあります。

たけし　つまり、万が一の時のためですね。

窪寺　ええ。一〇〇〇メートルよりも深く潜らないのであれば、そのロープなしで潜っています。一回潜ると、あの潜水艇に八時間ぐらい乗っている。潜り始めは太陽光もあるので明るいのですけれど、二〇〇メートルで光が届かなくなり、三〇〇メートルぐらいまで行くと、もう真っ暗。我々は潜水艇の中ではライトを消してしまうから本当に闇《やみ》の中で、超高感度カメラのモニターを見ながら、ただ座っているだけです。だから潜っているのか、何をしているのか、よく分からないんです。

たけし　真っ暗な中で急に宗教心が芽生えて、「神のお告げを聞いた」とか言い出したりはしませんでしたか（笑）。

窪寺　いやいや……。潜水艇の中は真っ暗で、モニターを見る以外にやることがないので眠くなってしまう。それで、天井に出来た結露の水滴を拭《ふ》いたりして、眠気を防ごうとしていました。

たけし　番組を見ていると、潜水艇の中は真っ暗で、時々発光するクラゲが見えるぐらい。

窪寺　ええ、たまに見えます。特に潜水艇が動くと、その刺激で発光する生き物がいますので光るんですけど、それは宇宙における星のような明るい光じゃなくて、ぼっと光るぐらい。深海は基本的に暗いですね。

一か八かでライトをつけたら……

たけし　深海魚の目が非常に大きいのも、天体望遠鏡のように、暗い中で光をできるだけ集めるようになっているからなんですね。

窪寺　そのとおりです。特に目が大きい深海魚がいるのは、一〇〇〇メートルぐらいまで。人間の目ですと一〇〇メートルから二〇〇メートルぐらいで何も見えなくなりますが、実際には太陽光は一〇〇〇メートル近くまでは届いているので、水深一〇〇〇メートルぐらいまでの間にいる生き物は光をまだ感じられるんです。ただすごく微弱ですので、それを見るために感度を上げるんです。カメラと一緒ですね。どんどんレンズがでかくなる。あるいは高感度になるため、目が大きくなる。ですから、ダイオウイカもそうですし、ホタルイカも食べる時によく見ると、体に比べて目が大きいことに気づくでしょう。

たけし　なるほど。
窪寺　一〇〇〇メートル以上深くなってしまうと、今度はもう光が届かないですから。
たけし　目がいらないわけですか。
窪寺　ええ、目は大きくならなくてもいいし、あるいは逆に言うと退化していく傾向にある。
たけし　ダイオウイカは餌を目視しているんですか。
窪寺　そうですね。ただ、下や横向きは真っ暗です。上から太陽の光が来るだけ。ですから、上を見上げると天井が少し明るいというぐらいの感じです。そういうところで上を見上げると、餌のシルエットが浮かびあがる。だから、ダイオウイカは基本的に上を見ていて、「餌だ」と思ったら、下から捕まえに来るはずです。
たけし　田舎の子どもが塀の下のほうからそうっと竿を出して柿《かき》を盗むみたいなもんだね（笑）。
窪寺　それで今回はダイオウイカの餌として体長一メートルのソデイカを使いました。なぜソデイカにしたかというと、ソデイカというのは非常にヒレが大きい。ダイオウイカが下から見た時に、このヒレが「餌だ」と認識しやすいんです。それを潜水艇と五メートルほどの透明なテグスでつないで一緒に沈んでいく。つまり、死んだソデイカが海底に落ちていくように見せかけました。

たけし　そのソデイカにダイオウイカが食いついた。

窪寺　潜水艇の外側に超高感度カメラがあって、そのカメラに映った映像をモニターで見ているわけですが、それでダイオウイカが来たことが分かった。しかし、超高感度カメラといっても、ぼやっとした影みたいな形でしか見えません。そこで自分が持っていた小さいライトで暗闇の先を照らすと、本当にいたんですね。

たけし　本当に出てきたのだから、すごいよね。

窪寺　最初は近赤外線のライトでダイオウイカに気づかれないようにしてまず観察して、映像を撮ってからライトをつけることになっていました。いきなりライトをつけたら、逃げる可能性があるからです。でも、モニターの映像だけを見ていても全然面白くない（笑）。やっぱり自分の目で見たい。それで、後先考えないで……。

たけし　もう一か八《ばち》かですね。

窪寺　どうしても自分の目で見たいので、潜水艇のパイロットに「船外のホワイトライトをつけてくれ」と頼みました。ところが、強いＬＥＤの光で照らしてみても、ダイオウイカは逃げなかったんです。

たけし　大きさはどのくらいあったんですか。

窪寺　ダイオウイカは触腕と呼ばれる二本の腕がすごく長いんです。それをずっと伸ばしていくと、イカの本体である外套膜《がいとうまく》と、頭と腕を合わせて最大のものでは十八メートルという記録があります。でも触腕を除くと、その半分以下でしょう。今回、我々の眼の前に現われたのは、触腕が切れていました。外套膜と頭と腕を合わせて三メートル弱ぐらいだと思われます。

マッコウクジラと共に進化してきた!?

たけし　しかし、よく逃げなかったものですね。餌を食べるのに夢中になっていたのかな。

窪寺　それが不思議なんです。二十三分間、我々の前にいたのですが、餌を抱えてどんどん沈んで行きました。最後、我々の潜水艇と海上を繋《つな》いでいる一〇〇〇メートルのロープが終わって八八三メートル以上深くは潜れなくなって、餌につけていたテグスが引っ張られてしまった。それでダイオウイカはおかしいと思ったのか、逃げていった。逃げていったというか、ただ去ったという感じです。それで、海上に上がってきて、餌のソデイカを見たら、ほんの三口か四口ぐらいしか齧《かじ》っていない。本当は二十三分間もいたわけですから、半分ぐらいは食べてしまっているんじゃないかと思っていました。

たけし　ダイオウイカのほうも餌が何かで引っ張られるので、何か違うと感じていたのかな。

窪寺　おそらくダイオウイカのほうも、白いライトをつけられて、ホワイトアウトの状態になったのではないでしょうか。つまり、目の前が真っ白で見えない状態になった。しかし、餌は自然のもので食べられそうだから、目の前は真っ白で困ったなと思いながら、餌だけは手放すわけにはいかないと思っていたのかもしれません（笑）。

たけし　映像で撮っている最中はずうっとホワイトライトはつけっ放しだったんですか。

窪寺　つけっ放しです。よく逃げなかったなと思います。強い光が当てられたものだから、ダイオウイカの皮膚が光を反射して、皮膚の色がさまざまに変わっていく様子を見ることが出来ました。これは皮膚の下にある反射小板が光を反射するからで、浅い海にすむスルメイカなどに見られる特徴です。つまり、ダイオウイカがまだ浅いところにすむイカだった頃の機能を残しているわけです。ダイオウイカが、完全に深海に適応しているイカではないのが分かりました。

たけし　クジラに食われるから、潜っていったのかな。

窪寺　おそらくそうだと思いますね。でも、クジラもどんどん追っかけて行きますから。マッコウクジラの祖先はもともと浅いところにいたクジラだと言われています。今、私たちが研究課題にしようとしているのは、マッコウクジラと中深層性の大型イカ類の共進化的行動性です。簡単に言うと、マッコウクジラはどうやってイカを食べてきたのか、そういうことをやりたくて、それで文科省から研究費を取ろうとしています。

たけし　ところで、先生は北海道大学に進んで大学院でイカを研究し始めますが、北大を選んだのは父親が苦手で逃げたかったからだと本に書いてありますね（笑）。

窪寺　私の父は、個人住宅の設計から建築まで請け負う仕事をしていました。大工や左官屋を手配して、家を建てていく。それを昔は「請負」といっていました。父は家で仕事をしていることが多く、私をかわいがってくれてよく現場にも連れて行ってもらいました。でも、やっぱり父親ってちょっと煙たいでしょう（笑）。

たけし　おいらが子どもの頃、うちの真ん前が「請負」でしたよ。うちがペンキ屋でしょう。住んでいるところは長屋みたいなところだったから、「請負」のオヤジさんを中心にしたコミュニティがあった。先生は「請負」の仕事を継がなかったんですね。

窪寺　私は上に姉貴が二人いる末っ子です。父としては私に継がせたかったんだと思うんですね。でも私としては建築屋になるつもりはなかった。それに実家から離れたいという気持ちがあって、北大に行ったんです。北海道が好きだったこともありますし、従兄弟《いとこ》が小樽商大に行っていたので、北海道には縁があった。でも、北大に行って良かったと思います。

たけし　そうでしょう。北大の大学院でイカに出会うわけですから（笑）。

窪寺　イカを研究することになるとは夢にも思っていませんでした。大学院では、辻《つじ》田時美《たときみ》という私の先生が北太平洋亜寒帯海域の生態系の機能と構造の解明に取り組んでいました。それで入ってきた大学院生に「君はスケトウダラをやりなさい」、「君はサケをやりなさい」と、様々な動物群を分担させていました。私が入った時にはイカをやっている学生が誰もいなかった。私はそれまでプランクトンを研究していたのですが、「君はイカをやりなさい」と言われて研究し始めました。子どもの頃から別にイカが好きなわけではなかったんです（笑）。

たけし　芸能の世界もそうだけど、子ども時代からずうっと芸事をやっている人と、そうじゃない人がいる。おいらから見ると、子どもの頃からやっている人は「芸能とはかくあるべし」と中に入り込みすぎてしまうようにも思うんだよね。でも、子どもの頃からやっていないと気づかない世界もあるだろうし、逆に後からやり始めることで見えてくる世界もあるような気がする。

窪寺　研究者でも、昆虫の先生や貝の先生、植物の先生など、研究者になる前からある程度の知識がないといけないというグループがあります。昆虫の先生は、昆虫少年がそのまま研究者になってしまった人が多いですね。

学問も芸能も師匠が大事

たけし　先生は他の研究者でもまだ分かっていないような分野に行ったから良かったのかもしれない。当時はイカってまだまだ未開拓の分野だったわけでしょう。

窪寺　いえ、私の前にも私の師匠に当たる奥谷喬司《おくたにたかし》先生が研究していました。その先生がいなければ、何事も上手《うま》くいかなかったと思います。奥谷先生は北大の先生ではなくて、水産庁東海区水産研究所（現・水産総合研究センター中央水産研究所）にいらした方です。運よくその先生につけたことで、自分の研究者としての第一歩が踏み出せた。それが私の研究生活で一番重要なことだったと思っています。

たけし　「運よく」とひとことで言っていますが、自分から国際会議に乗り込んで、アプローチしたとか。

窪寺　それは待っているだけでは絶対ダメですから。いきなり会議に訪ねていった私にもよくしてくれた。奥谷先生というのはとても面倒見のいい師匠だったんです。

たけし　それはめぐり合わせが良かったんですね。もし奥谷先生にめぐり合わなかったら、ここまでイカを研究してこなかったかもしれない。

窪寺　そうですね。その後、奥谷先生が国立科学博物館に移られて、さらに東京水産大学（現・東京海洋大学）の教授として異動するというので、その空いた席に入ることができた。それで今までイカやタコを研究し続けてくることができました。

たけし　学問も芸能も師匠が大事なのは同じだね。芸能なんて師匠に影響されて、芸風が変わってしまうから。でも人生って面白いよね。大学院時代に急にイカの研究を始めて、それが世界的な成果を生むなんて。

窪寺　私なんか大学院入って「イカをやれ」と言われて、それ以来ずっとやっていますから、人間的には他に面白みがなくなってしまった（笑）。たけしさんみたいにいろいろなことをやるというのは、やっぱり人間としての厚みが出ると思うんです。

たけし　幻の生物に遭遇するという奇跡を追い続けて、遂《つい》に成功したなんて、そんな幸せな人生はありませんよ。

窪寺　確かにダイオウイカに関しては、今回二十三分間にわたって、あれだけいい映像を撮れて、ちょっと考えられないような成果が上げられた。それはそれでよかったんですけど、ときどきもっと他にも生き方があったかなと思うことがあります。

たけし　いやいや、先生はイカ一筋、浮気してはいけませんよ（笑）。次はマッコウクジラがダイオウイカを食べているところを是非撮ってください。

（「新潮45」二〇一四年一月号掲載）

file.06

シマウマの縞はなぜできるのか？

シマ模様の達人

近藤《こんどう》 滋《しげる》

1959年東京生まれ。大阪大学大学院生命機能研究科教授。1982年東京大学理学部生物化学科卒業。1988年京都大学医学部で博士取得。2009年現職。専門は発生学。著書に『波紋と螺旋とフィボナッチ』（学研メディカル秀潤社）など。

生物の模様を研究して、
なにかと話題の『ネイチャー』にも論文が掲載された先生に話を聞いた。
生き物の模様の謎《なぞ》はチューリングという
天才数学者の理論で解けるらしい。
生物と数学の不思議な関係とは。

魚の模様の研究で京都大学をクビに

たけし　先生は動物の模様がどのように出来るのかを研究されている。若い頃、その論文が科学誌『ネイチャー』に掲載されて、一躍先生の名が知られるようになった。『ネイチャー』に載るってことは、お笑いの世界で言えば、吉本興業《よしもと》のブランドを手に入れるようなものなんでしょうか（笑）。

近藤　同誌に、自分のオリジナルの論文が通れば、まず国立大学の教授にはなれますね。それぐらいの価値があります。

たけし　先生も、そのおかげで徳島大学の教授になれたんですか。

近藤　そうです。でも、僕は当時、京都大学医学部のH先生というとても偉い免疫学《めんえき》の先生の教室に所属していて免疫学の研究をしていました。ただ、免疫の研究より興味があった魚の縞《しま》模様の研究を、正確には「チューリング波（反応拡散波）の理論」の研究を隠れてやっていたんです。その論文を書いて、『ネイチャー』に投稿したら、採用されてしまった。それで研究室をクビになる（笑）。

たけし　論文が『ネイチャー』に載ったのにクビですか。

近藤　その時は京都大学の講師でした。僕の論文が『ネイチャー』に掲載された後に、ちょうどH先生が日本学士院賞をもらった。僕は先生の教室の番頭でしたから、お祝いのパーティーを仕切って、それが終わった次の月曜日の朝に先生に呼ばれました。僕の論文が『ネイチャー』に掲載されたことを知っていて「君、ここを辞めるか、魚の実験をやめるか、二つに一つを選べ」って。それで「ここを辞めます」と即答しました。本来ならば、先生の下で免疫の研究をしているはずの人間が、全然関係のない仕事をしていて、『ネイチャー』に投稿してしまったのだから、許されるはずもありません。

たけし　免疫学を真面目《まじめ》にやっていると思ったら、魚の模様がどのような原理で出来るのかを研究していたわけだから、先生としても認めるわけにはいかなかったわけですね。

近藤　この魚の模様の研究で、僕が何かの賞をもらった時のことです。まだＨ先生の研究室に在籍していて、Ｈ先生が義理で式辞を述べに来ました。その式辞が「近藤君はこういう研究で賞をもらったが、実はもっと大事な仕事があって……」とか言って、いきなり僕のやった仕事を全否定。賞の係の人たちが全員、顔面蒼白《そうはく》になっていました（笑）。

たけし　それはすごい話ですね。

近藤　でも仕方がないですよ。普通の会社でも、所属する部門とは全然関係ないことだけして、周りの秩序を乱した人間を褒めるわけにはいかない。そういうことだと思います。

たけし　うちだって、たけし軍団の若い衆が急にレストランでもやって大儲《おおもう》けしたら、腹が立つよな（笑）。

近藤　もっとも、このクビ事件の裏には、縞模様の仕事一本でやっていけるかどうか不安に思っていた私を決断させて後押しする意図もあったようで、今では感謝しています。

たけし　先生はそもそもずうっと生物が好きだったんですか。

近藤　僕は、高校生ぐらいの時から生物学と数学が好きだったんです。でも、残念ながら数学の才能がないことが大学に入って分かった。自分が一ページ読むのに、ウンウンうなるような難しい数学の本を、鼻くそほじりながら「これ、面白いよな」って、『少年マガジン』を読むように読む奴《やつ》がいる。それで、「もうやってられるか!!」って感じになって、その一瞬で数学は諦《あきら》めました。才能がなくても出来るものは何かといったら、生物学だなと思ってそっちに行ったのですが、結局のところ、その後の研究生活で数学が役に立ちました。

たけし　先生がやっていらっしゃるのは、発生学という分野になるんですか。

近藤　ええ。もう三、四十年前から生物学は遺伝子が研究の中心になっているんです。だから、みんな遺伝子を研究するわけです。でも、遺伝子というのは、一個の細胞には全部同じ遺伝子がある。一方で、発生学というのはその生物がどういう形になるかという研究です。一個一個の細胞の中に含まれる遺伝子は全部同じなわけだから、どうして個々の細胞が形を変えていくのか、遺伝子では説明がつかないんですよ。それで、何をやったらいいかなと模索しているうちに生物の形態を決める「チューリング波の理論」を見つけて、「これだ」って思うようになりました。

たけし　免疫学のほうは、どうしちゃったんですか。

近藤　免疫学はなぜやることになったかというと、発生学をやりたかったんですけど、僕が大学に入った頃は、まだ発生学で遺伝子を実際に使えるような状態ではなかったんです。遺伝子を変えることで、生物の模様を変えるみたいなことも出来ないと学者として説得力がないわけです。当時、実験で遺伝子を使えるのは、免疫学の分野しかなかったんです。

たけし　そうなんですか。

近藤　どうしてかというと、免疫学というのは白血球やリンパ球など一個一個ばらばらにある免疫担当細胞を調べるから、遺伝子を扱うことが出来る。例えば、手の細胞を調べるといったって、手にはいろんな細胞がぐちゃっと混ざっているでしょう。細胞を分けることが出来ないから、遺伝子を調べられないんです。だから、分子生物学はまず免疫学で非常に進みました。十年間ぐらい、免疫学が分子生物学をリードしていた。だから、まずそれをやろうと思って行ったんです。

たけし　では、その時から本気で免疫学のほうを極めるつもりはなかったんですか。

近藤　やっている時には、それなりに面白かったのですが、本質的にそれが好きかって言われたら、あまり好きではありませんでした。自分の興味として、謎が解けて快感の得られる分野ではなかったものですから。

たけし　それが、この魚の模様だったわけですか。

近藤　魚の研究には快感がありました。謎が解けるとすごく達成感があって、そのような仕事を人に話すと、みんなすごく面白がってくれる。性格的に人に喜ばれるのが好きなんです。小学校の誕生会でも、いつも落語をやっていましたから。

たけし　吉本に行ったほうがよかったんじゃないの（笑）。

近藤　いや、本当は行きたかった（笑）。阪大《はんだい》の大学院にいた頃、宗右衛門町《そえもんちょう》のディスコで明石家《あかしや》さんまさんに会ったことがあるんです。テレビに出ている時と全く同じで、十人ぐらいを束にして、全員を持ち上げては落として、落としては持ち上げてって、それを延々とやっている。こんな世界はちょっと無理だと思いましたね。

たけし　あれは喋《しゃべ》らないと死んじゃう男だから。「サメ男」って言われている（笑）。

近藤　だから、数学に近寄っちゃいけないと思ったように、この世界も絶対近寄っちゃいけないと瞬間的に思いました。

天才数学者チューリングの生涯

たけし　先生が興味を持ったという理論を作ったアラン・チューリング（一九一二〜一九五四）という人は、名前だけ知っているけれども、確か第二次世界大戦中にドイツが使っていたエニグマという暗号を解読した人物。その人生は、何回か映画化もされている。

近藤　ええ、映画化されています。アラン・チューリングは、あまりに天才過ぎてしまって、幸せな人生を送れていないんです。二〇一二年がチューリングの生誕百年記念で、その記念シンポジウムにも呼ばれて行ってきました。チューリングの遺品がたくさん並べてあって、その中に十六歳のチューリングが母親に宛《あ》てた手紙がある。それに「アインシュタイン、ダサいぜ」と書いてあった（笑）。

たけし　普通だったら半殺しだけどね（笑）。

近藤　相対性理論の中で、「ここのところの定式化を彼はしていない、自分だったらこうやる」というのを、十六歳の高校生が手紙で書いているんです。母親が分かるわけはないけれど、そんな人に友だちがいるわけがない（笑）。彼から見れば、普通の人間は猿ぐらいにしか見えないですよ。

たけし 先生、十六歳のころは何を考えていたんですか。

近藤 もうテレビばっかり見ていました(笑)。

たけし おいらは悪さばっかりやっていたな。親に隠れてボクシングやったりしてね。

近藤 チューリングは実は同性愛者でした。小さい時から、自分がゲイだということを認識していて、近所に一歳上のクリストファー・モルコムというお兄さんがいて、その人のことを愛していた。モルコムは数学が好きで将来数学者になることが夢だったんです。その人に気に入られるためにチューリングは数学を始める。残念ながら、モルコムは十八歳で肺病か何かで死んでしまう。その後も彼が数学を続けたのは、天国に行ってモルコムに会った時に数学の話をしたかったからだそうです。人工知能の研究をしたのは、モルコムの魂を機械の中で再現させるためでした。ものすごい純愛ですよ。

たけし それで現代のコンピューターの理論を作ったのもチューリングなんですね。

近藤 そうです。コンピューターの理論を作ったのもチューリングならば、第二次世界大戦の勝敗を決めたのも、ある意味チューリングですから、すごい天才です。

たけし それほど凄《すご》いのにニュートンとかアインシュタインとかに比べると、一般的には知名度が低いですね。

近藤　それは、イギリス政府が隠したからですよ。第二次世界大戦後に冷戦が始まり、スパイの時代になります。暗号解読技術はトップシークレットでした。チューリングによって英米はエニグマ暗号を解読したわけですが、その後、イギリス政府は英連邦のオーストラリアとかニュージーランドといった国々に「これは絶対に解けない暗号を作る装置だ」と言ってエニグマ暗号作成装置を渡していたんです。英連邦の国々の通信は、全《すべ》て英米に筒抜けという状態になっていました。だから、イギリス政府はチューリングの業績を公表出来るはずもなく、その存在をひた隠しにしたんです。チューリング自身は次第に計算機や暗号の研究チームからはずされて、失意の中で一九五四年に自殺してしまいます。

「そんな理論はたわ言だ」

たけし　そのチューリングが動物の模様はどんな原理で出来るのかを考えたわけですか。

近藤　亡《な》くなる二年前の論文にすごく丁寧に書いてあるんですけれども、彼は模様だけじゃなくって、動物の形がどうやって出来るかというのを知りたいと思ったんです。そうすると、生物学者だったら、形を変える遺伝子を探そうとか、そういうふうに個別のことに関心が行くんですけど、彼は数学者ですから、「形が出来る」というのは何だろうと考える。形が出来るというのは、何にもない乱雑な状態もしくは均一の状態から、パターンが自発的に出来ることだとチューリングは見切ったのです。で、よく考えてみると、そういう物理現象があります。「波」がそうなんですよ。「波」と「生物の形」が結びつくとは普通の人ならば考えつかない。しかし、チューリングは天才だから思いついてしまった。模様を作るには、科学反応で波を作ればいいんだと考えたら、もうあとはチューリングぐらいの頭をしていればすぐに数式は出来上がります。

たけし　そのチューリングが思いついた理論というのは、もう少し説明していただくと、どういうことですか。

近藤　簡単に言うと、ある場所で反応が起きると、そのちょっと離れた場所では逆に反応が抑えられるというだけなんです。動物の体の中ではそのような化学反応が起きていると看破して、それを数式で表したのがチューリングの理論で、我々が見ている生物の模様や形態は、この数式で全てを表すことが出来る。

たけし　チューリングは理論を作ったけれど実際の生物で本当にそうなるかを証明したわけではない。その数式通りに生物の模様が出来るかどうかは、先生が実際の魚を使って検証するまでは、誰も実証しなかったわけですか。

近藤　そこは僕にとってはとてもラッキーでした。チューリングの論文が出てから二十年間ぐらいは、そもそも実際に使えるようなコンピューターがなかったので、全然研究が進まなかったんです。もちろん論文もほとんど読まれなかった。それで、七〇年代の終わりぐらいから、数学者とか物理学者がコンピューターを使えるようになって、この方程式を使うと、いろいろな模様のパターンが出来る（図1）というのを見つけて、これが動物の形や模様の元になっているという論文がたくさん書かれたんですよ。でも、数式通りにシミュレーションすると縞模様が出来ることは分かっても、本当にそれが生き物の体で起きていると信じる人は、ほとんどいなかったんです。だって、いきなり「このシマウマの縞は波だぞ」と言われたところで、誰も信じないじゃないですか。たくさん論文が出たけれ

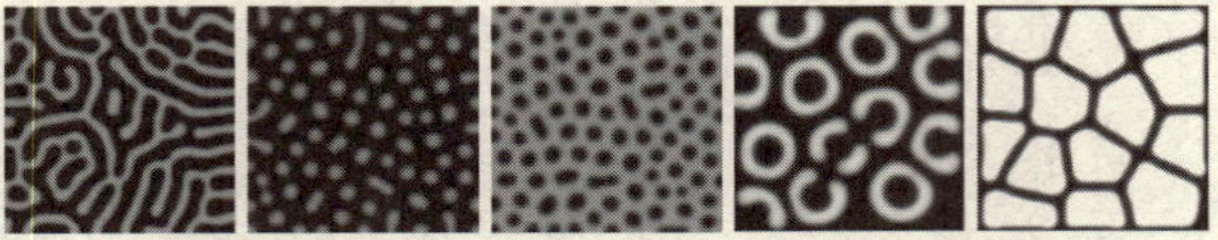

図１・反応拡散方程式の中のパラメーター値を変化させると発生する二次元パターン

ども、全然証拠が提示されないという状態がずうっと続いていくと、今度は逆に拒否反応が起きて、「そんな理論はたわ言だ」という感じになってしまった。

たけし　机上の空論みたいに扱われたわけですね。

近藤　それで一九九〇年ぐらいまでに「その説は完全に嘘《うそ》だ」という常識が、生物学の世界では出来上がっていました。僕は、たまたま「チューリングの説はダメだ」と言われた頃に、チューリングの論文を初めて読んだんです。もう見た瞬間に気に入って、これは絶対正しいに違いないと思った。その後、何をしたらいいかわからなかったんですけど、とりあえず留学の機会があった時に、チューリングに詳しい専門家に会ってみた。数学者とか、物理学者にも会ったんですけど、この人たちは自分で実証する気がないことがすぐに分かりました。僕は生き物を見るのが好きなんで、魚の模様がこの証明に使えるというのは最初からアイデアがあったんです。

魚の縞模様が枝分かれする!?

たけし　それで魚の実験を始めるわけですか。

近藤　留学から帰ってきて、京都大学の免疫学の研究室に入って、裏では魚の実験を始めました。僕は留学する前から、タテジマキンチャクダイという魚に目をつけていたんですね。縞が十五、六本ある魚が、大きくなると縞が三十本ぐらいになるんです。大きくなって縞の本数が増えますが、でも縞の太さも縞の間隔も変わらないんですね。

たけし　間隔が同じままで縞が増えるわけですか。

近藤　どうやって縞が増えるんだろうと考えた時に、もし体が大きくなって縞と縞の間が開いた時に、その間にポンと新しい縞が入るんだったら、新しい縞の色は薄かったりして、色の濃さの違いがあるはずじゃないですか。でも、それが一切ない。そうすると、縞が急に増えるんじゃなくて、連続的に変わらなきゃいけない。それを「チューリング波の理論」のシミュレーションでやると、どうなるかが一発で分かる。縞が枝分かれして、動いていくんですよ（図2）。

たけし　おいらたち一般人だと、縞と縞の間が広がった時に下から線が浮かび上がってくるって考えがちだけど。

近藤　それは違って、縞が枝分かれする。それしか解があり得ないんです。実験なんかやる前から、答えはこれに決まっていると思った。あとは魚を飼って確認するだけで、水槽代七十万円、一匹一万四千五百円の魚を自腹で買ったんです。

たけし　しかし、今まで誰も魚の縞が変化するとは思わなかったというのが面白いですね。

近藤　魚の専門家、魚類の学者や分類学者とか、いろいろと聞きに行ったんですよ。「この縞模様、枝分かれするように動くと思いませんか」と聞いたら、「そんなこと絶対あり得ない」と全員が答えました。

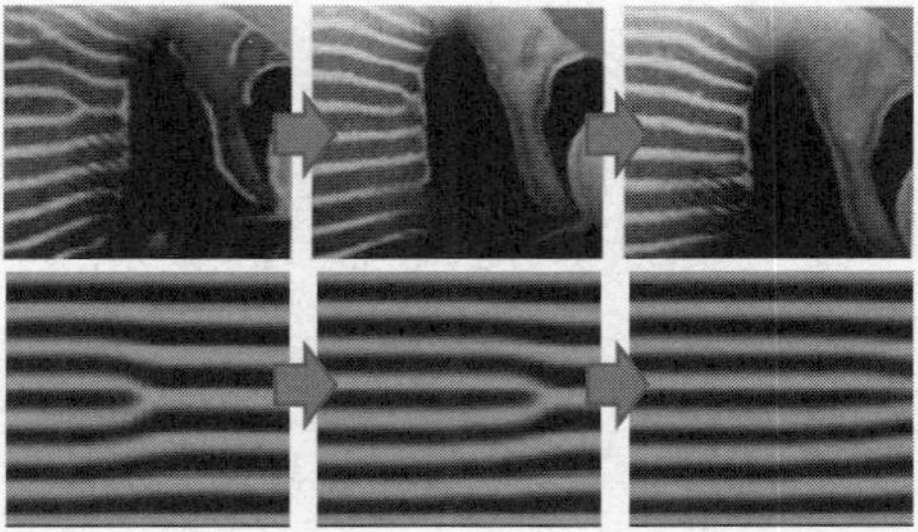

図2・タテジマキンチャクダイの模様変化（上）とシミュレーション

たけし　みんなこれを見たことないんだ。

近藤　変化がゆっくり過ぎて気づかない。でも、チューリングの原理を知っていれば、逆にそうでなければあり得ないんです。これがやっぱり「わかる」という感覚ですよね。

たけし　先生は著書で「信じ続けることの大切さ」を書いていますね。「これしかありえない」と思うことは重要ですか。

近藤　そうですね。僕たちの仕事は理詰めでやっているように一見思われますけど、そうでもない。だって、誰も知らないことを発見したいわけですから、思いついた時に、それが本当にあるかどうかの理屈なんかないわけです。

たけし　そうですね。

近藤　あるに決まっていることはすでに誰かがやっているし、そうじゃない時には、結局分からないんです。その時に、どうしても「それ」を探すためには、理屈ではない執念みたいなものがないと出来ないんですよね。それは多分、どんな仕事をやっていても似たようなものじゃないですか。

たけし　その執念で先生が世界で初めてチューリングの理論通りに魚の縞模様が変わるということを証明した。それでチューリングが正しいことが分かったわけですが、シマウマの縞も、同じような感じで動くんですか。

近藤　もちろん、縞模様が出来る原理は魚と全く一緒ですが、シマウマの縞は、胎児の時に固定してしまうらしいので、残念ながら成長しながらでは縞は動かないんですね。

たけし　先生はコンピューターのシミュレーションでどういう柄が出来るのかを確認出来るけれども、チューリングは頭の中だけで考えていたわけですか。

近藤　だから、彼は尋常じゃない（笑）。私も、一時こういう計算をたくさんやっていたので、数式をどう変えたらどういうふうに模様が変わるかが、全部、頭の中に入っています。起きている時間の九割ぐらい、そればかり考えていた時もありました。

ウマとシマウマの合いの子を探して

たけし　よく子どもが質問する「なぜシマウマには縞があるのか」という問いには、この理論で答えられますか。

近藤　僕がやっているのは、「どうやってあの模様が作られるか」であって、「なぜか」ということには全然答えてないんです。ただ、この理論を使うと簡単に模様が出来てしまうので、なぜ模様が出来たのかの理由を考える必要がないのかな、と思っています。

たけし　シマウマが集団になると、縞模様のせいで一頭の輪郭が分からなくなって、ライオンが他の生物と誤認するから、それで進化したとか、そういう理由はないんですか。

近藤　誰も調べたわけではないですからね。おそらく、皮膚の中の色を決める原理というのは一つしかなくって、それは何のためにあるかというと、中間色を作るためなんです。白い色素細胞と黒い色素細胞があれば、黒っぽくなり過ぎてもダメ、明るくなり過ぎてもダメで、灰色に調整する仕組みがあって、それを数式化したものとチューリングの方程式はそっくりなんです。野生動物では中間色の目立たない色が生き残るためには一番いいわけです。それが、一個の遺伝子のパラメーターがちょっと変わるだけで、色の制御回路が変わってしまい、白と黒の縞模様になってしまうわけです。

たけし　それは突然変異ですか。

近藤　ええ、突然変異ですね。たった一つのパラメーターの違い、何か一個の遺伝子の違いで、縞があるシマウマが生じたのであって、だんだん進化して縞が出来たんじゃないんですよ。突然変異一発でシマウマが出来て、それが生存に不便でなければ、その種が残っていく。ただそれだけの話です。

たけし　先生の本の中で、馬とシマウマをかけ合わせた中間色のシマウマの写真が出てきます。あれは面白いですね。

近藤　あれも計算するとそうなると決まっていて、当然の帰結です。その実物を見たくて、テキサスまで見に行きました。テキサスのほうに、ウマとシマウマを掛け合わせるのを趣味にしている変なおっさんたちがいるんです。テキサスでは「トラが五万円で買える」って言っていました。さすがに「それはワシントン条約でまずいだろう」と聞いたら「ここはテキサスだ」って言っていましたね（笑）。

たけし　テキサスは地球上で別の世界なんですよ（笑）。だって、テキサスではガンベルトして拳銃《けんじゅう》をぶら下げて歩いていてもいいという（笑）。

近藤　その時、撮ってきた写真がこれです（図3）。シマウマとウマをかけると、二つのことが起こります。まず縞の幅が狭くなる。そして色のコントラストが、シマウマは白と黒なんですけど、これは薄い茶と濃い茶になる。これはチューリングの数式で、パラメーターの値に、中間色の均一になる値と、シマウマのように綺麗《きれい》な白黒のストライプになる値の中間を入力すると、そうなると決まっているんです。それを実証するデータを探すためにテキサスにまで飛びました（笑）。

たけし　先生もそのためだけにテキサスに行って、変なオヤジたちと会ってきたりして大変ですね。

図3・ウマとシマウマを掛け合わせると……

近藤　面白いのは、人間が飼っている家畜にはブチのある種類がありますね。これも例えば、動物に白い色素細胞と黒い色素細胞があったとして、本来はグレーの中間色に均一化しなければいけないのに、その均一化の能力が失われたために起こる。そうなると、いきなり白と黒のブチになるんです。これもチューリングの理論とぴったり合う。この原理だと、縞が出来ることもブチが出来ることも、どんな化学的な反応が起きているかが全て理屈で説明出来るわけです。

たけし　でも、どうして動物が家畜化されると色を均一化する能力を失うわけですか。

近藤　それも、たまたまですよ。多分、自然界ではそれも非常によく起こる。だけど、自然界ではブチは目立ってしまうために、天敵に狙《ねら》われやすく、すぐに死んでしまって、その系統の子孫が残らない。家畜にだけブチがあるのは、家畜は天敵では死なないからです。逆に人間は目立っていると可愛《かわい》がるので、生存には有利に働く。

たけし　なるほど。

近藤　それだけのことです。さらに生物界にはたくさんの模様がありますが、何で模様があるのか全く意味がわからない生き物がたくさんいる。例えば、シマウマそっくりの模様のウツボがいます。ウツボは岩礁《がんしょう》地帯において最強ですから逃げる必要は全くないし、捕食するのは夜ですから、隠れる必要も全くないですよね。ところが縞模様がある。サバだって、縞模様があっても役に立ちそうもないじゃないですか。「縞を作る仕組みを進化させた」と考えるから、生存に有利な理由を探す必要ができる。簡単な突然変異一発で縞ができてしまうのなら、大した理由はいらないんです。

たけし　擬態とか、ああいうのも進化とは関係ないんですか。

近藤　模様を作る原理があって、それが捕食動物から逃れるためにたまたま役立った時に、人間から「擬態」と呼ばれる。擬態の理論なんてないですよ。

たけし　例えば、キリンの首が長くなったのも、人間が平原の中で立ち上がったのも、突然変異ということですよね。

近藤　そう、形が変わるところまでは突然変異です。その後、その形質が有利でなければ死んでしまうし、有利であれば生き残るだけの話。そこは分けなきゃいけない。そこを分けないで議論する人がたくさんいるから混乱するんです。

たけし　でも、地球何百万年の歴史を書いた本なんかには、平原に出た猿は「遠くを見るために立ち上がった」とか書いてあって、それがとぼとぼ歩いていくようなイメージで解説されているので、誤解してしまうんですね。

近藤　文学的にやると、全部がそうなりますよね。だけど、例えば論文のタイトルとかつける時には、やっぱりそういう文学的な、人為的みたいなことをみんな書きたがります。そのほうがインパクトがありますから。

たけし　擬態とはちょっと違うかもしれないんですが、色が変わる魚があるじゃないですか、カレイとかヒラメとか。

近藤　魚の場合は基本的なパターンは変わらないんです。ただ、パターンは変わらないのですが、色を変えられるんです。色素細胞が三種類とか四種類ある魚がいて、それぞれの色素細胞で作っているパターンが違うんですよ。そうすると、一つ一つの細胞がうわっと広がっている時と、縮む時がある。パターンが二種類あったとして、色素細胞が広がっている側のパターンが見える。

たけし　絵の具で、赤と青で紫色を作るけれど、赤を多くすれば赤い紫、青を多くすれば青い紫になるようなものですか。

近藤　その通りです。それでこっちだけのパターンが見えたり、あちらだけのパターンが見えたりします。

たけし　カメレオンは、足でつかんでいる木から色の情報を得るという。違うところに足をやると、いかにも紛れるような色に変わっていく。あれも色素細胞自体の数は同じだけど、色の大きさが違ってくるらしいんですね。

近藤　そうです。あれも色素細胞が小さくなったり、広がったりすることで色を調整しているんです。脊椎《せきつい》動物は体内のホルモンをつかって、色素細胞を変化させている。それに比べてイカやタコはすごいですよ。ストライプの模様を一瞬で作って、それが体の表面を流れていったりする。どうしているかというと、一個一個の色素細胞に筋肉がついているんです。脳からの神経で、色素細胞を筋肉で引っ張るから変化が速い。脳の中に出来ている空間パターンが一瞬にして、色素細胞に伝わる。だから、テレビや電飾と同じですね。電飾で字がばーっと流れていくのと同じように、脳の中にそのパターンを作れば、彼らは皮膚に出せるんです。

たけし　今、外国で「透明な兵士」を研究しているけれど、タコの研究を本格的にやると、あれにつながるかも。兵士の軍服などに背後の背景がそっくり映りこむことで、実際は透明ではないんだけど、そこにいないように見える。

近藤　でも、あれは一つの方向からしか有効ではないですよね。横から見たらバレてしまう。普通、戦争はどこから撃たれるかわからないから、間抜けな話だと思うんです（笑）。タコのほうが圧倒的にすごいですよ。

たけし　しかし、どんなデザイナーも自然には敵わないと思っていたら、全ての生物の模様は数式通りに出来るって、何か不思議な感じがしますよね。

近藤　いやいや、数学もまた自然ですから。

三次元のパターンを研究したい

たけし　これから先生が研究をしていこうというか、成果を出そうとしていることは何なんですか。

近藤　僕はチューリングの原理が好きで、ほとんどチューリングのファンなんですけれども、これが模様以外にも応用出来るということを示したい。今、やり始めているのは骨の形です。これまで二次元のパターンを研究してきたから、三次元のパターンへ行きたいと考えています。三次元でも、例えば脊椎だったら等間隔で綺麗に並んでいますね。等間隔を作るのはチューリングの原理が一番得意とするところなんです。今、ゼブラフィッシュという魚を使って研究しているのですが、その魚は突然変異の遺伝子を一つ持っている。脊椎骨は横から見ると鼓《つづみ》みたいな形をしていますが、その縦横のプロポーションが変わるという突然変異があるんです。その原因遺伝子を見つけて、どういう原理で縦横のプロポーションを決めているのかを、チューリングの原理を絡《から》めて研究しています。脊椎動物の形というのは、結局、骨の形なんです。例えば、キリンだって人間と同じような骨を持っていますが、首が長いのは、頸椎《けいつい》が伸びたからです。というわけで、チューリングの原理をもうワンステップ応用して、脊椎動物の形はどういう理屈で成り立っているのかを調べています。

たけし　立体にも応用可能ならば、建築なんかはどうだろう。

近藤　うちの研究室に、今、建築デザイン学科出身の学生がいます。結局、建築の理屈と、体の中での構造を作る理屈というのは、基本的にそんなに変わりはないんだという気がして、これを学びたいと言ってきています。外の分野から来た人のほうが、何か新しいものが出来る可能性はありますよね。

たけし　この研究が具体的に何か役立つことはありますか。

近藤　自由自在に足の骨の長さでも変えられたりでもしたらね。でも、それだったら整形外科のほうが早いでしょう。

たけし　でも、三次元的になってきて、立体的に骨が形作られる仕組みが分かってくるとなると、再生医学なんかに役立ってくるということはあるんですか。

近藤　百年ぐらいたったら、役立つかもしれませんね。僕らは、そんなこと考えてないですよ。僕なんかは、やっぱりこれが面白いからやっているだけ（笑）。

たけし　面白いからやっているのが一番ですよ。お笑いも学問も一緒ですね（笑）。

（「新潮45」二〇一四年六月号掲載）

file.07

ダニって意外にかわいいね

ダニの達人
島野《しまの》 智之《さとし》

1968年富山県生まれ。法政大学国際文化学部自然科学センター教授。横浜国立大学大学院工学研究科修了。博士（学術）。OECDリサーチフェロー、宮城教育大学准教授、フランス国立科学研究所フェローを経て現職。著書に『ダニ・マニア《増補改訂版》』（八坂書房）、編著に『ダニのはなし』（朝倉書店）、編集協力に『生物学辞典』（東京化学同人）など。

ダニの研究だなんて、
聞いただけで体がかゆくなってきそうだけど、
ほとんどのダニは人間には害悪はないという。
知られざるダニの世界に案内するよ。

血を吸うダニは全体の一パーセント

たけし　先生は「ダニ学者」ですが、それだけ聞くと、世間の嫌われ者のように思われませんか（笑）。

島野　それで、ダニ学者の集まりが「日本ダニ学会」です。私が最初にダニ学会に参加した時、温泉地で懇親会をやったんです。温泉旅館の入口に「歓迎　日本ダニ学会御一行様」と書いてあって驚きました。他のお客に悪い（笑）。

たけし　ダニ学者が集まるダニ学会。嫌な集まりだね。昔、毒蝮三太夫《どくまむしさんだゆう》さんが地方を営業で回ったときに「毒蝮来たる」と横断幕が張られていて、ビニールとピンセットを持った子ども達が「マムシをくれ」って集まってきたらしい（笑）。

島野　コンベンションホールで学会を開いたりすると、そこで結婚式が開かれていることもある。上の階で披露宴が終わった後に新郎新婦が一階に降りてくると、そこには「日本ダニ学会」の横断幕がある。かわいそうで、新郎新婦を見ることができませんでした（笑）。

たけし　ところで、ダニって昆虫ではないですよね。ダニが拡大された写真を見ると、あれはタラバガニなんかと同じ仲間じゃないかと思うんですけれど、実際はどうなんですか。

島野　ダニもタラバガニも広く節足動物門という意味では一緒です。まずダニの分類から説明しましょうか。このポスターを見てください。美術家と一緒につくっ

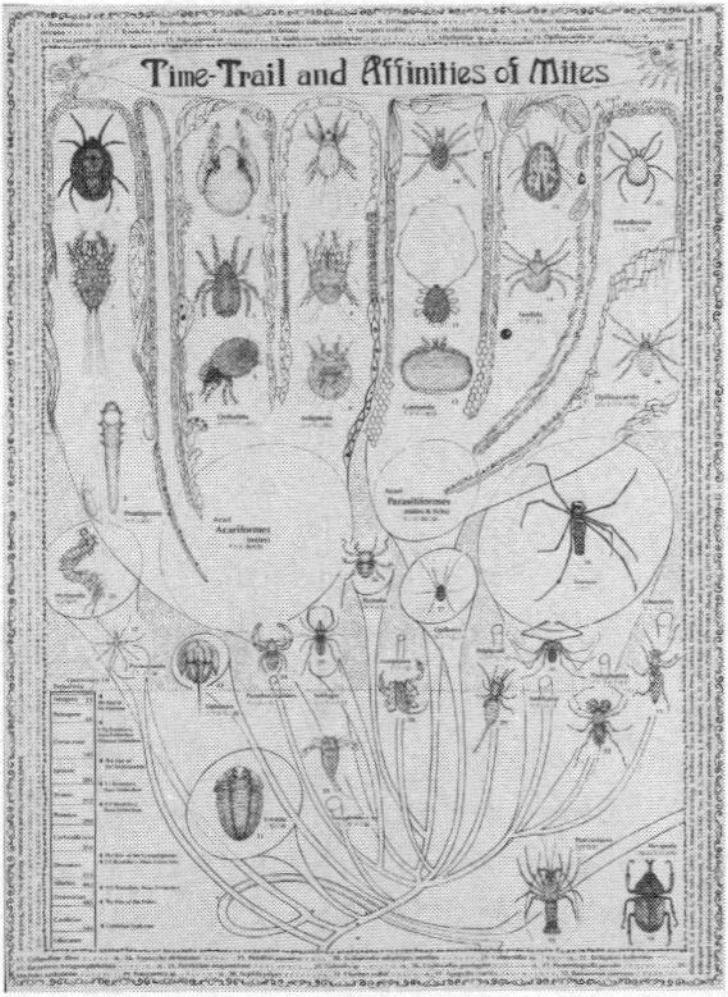

ダニを含む節足動物の５億年の進化と歴史と分類が分かる「ダニ系統樹ポスター」
発行元：株式会社キウイラボ
© 黒沼真由美・島野智之

たんですけど……。

たけし　シュールで美しいですね。色をつけて、スカーフの模様にしたら売れるな（笑）。まさかダニの絵とは思わない。

島野　五億年よりも前に節足動物は昆虫とエビ・カニの仲間と、ダニとクモの仲間等に分かれます。昆虫とエビ・カニは今は一つの仲間（汎《はん》甲殻類）として分類されています。昆虫とエビ・カニ、それとムカデとかヤスデ（多足類）、この三つは大顎《おおあご》が横に開きます。それ以外の節足動物は口の脇《わき》にハサミ（鋏）があるタイプなんです。カブトガニとかサソリ、クモなどがダニと同じ鋏角類《きょうかくるい》というグループになります。

たけし　そうすると、ダニはクモと一緒の仲間なんですか。

島野　はい。現在、クモが四万五千種記録されています。ダニは専門的には胸板ダニ類と胸穴ダニ類の二種類に分かれるのですが、両方合わせると五万五千種類が記録されていて、クモよりもダニの種数のほうが多いんです。

たけし　ダニは進化の過程で大きくならなかったんですか。

島野　大きなものにならないような戦略をとってきたのだと思います。鋏角類ではクモとダニが最も繁栄したわけですが、クモは糸とそれによる網を使うことで、広範囲に陸上昆虫を捕食する能力を発達させました。それに対してダニは体を小さくし、さまざまな環境に進出して、さまざまな餌資源《えさ》を利用することで、食性の幅を広げてきた。他の鋏角類は他の動物を食べて生活していますが、ダニだけは肉食、草食、吸血など、いろんな食べ物を食べることができます。

たけし　血を吸うように進化してしまったから、ダニは人間から嫌われるようになってしまった。

島野　でも、ダニが地上にあらわれたのが四億二千万年前ぐらいで、まだ恐竜もいない時代ですから、ダニが血を吸おうと思っても他の動物がいなかった。ですから、ダニはそもそも血を吸う生き物ではないと思うんです。日本に生息するダニは二千種ぐらいいますが、その中でも血を吸うのは二十種類ぐらいで全体の一パーセントなんです。

たけし　よくダイソンの掃除機のCMとか見ると「これだけダニが取れました」と宣伝していますよね。

島野　一般的に家にいるのはイエダニだと思われていますが、今はイエダニのいる家庭はほとんどありません。昔はイエダニが深刻でした。イエダニはネズミに寄生する吸血性のダニで、ネズミが巣を捨てたり、死んでしまうと人間の血を吸うことがありました。今は天上裏のある家が少なくなり、ネズミも少ないので、イエダニのいる家はほとんどありません。むしろ、日常の生活で気になるのはヒョウヒダニ類（チリダニ）と言われるもので、はがれ落ちた人の皮膚やふけなどを食べます。ヒョウヒダニの消化管内分泌物《ぶんぴつぶつ》は、糞《ふん》とともに周辺に散乱し、これがアレルゲン（アレルギーの原因）になります。また、ダニの体そのものもアレルゲンになるんです。布団《ふとん》などにヒョウヒダニが増えてくると、今度はそれを食べる捕食者のツメダニが増えてきます。このダニが間違って人を刺すことがあって、よく布団の中で「ダニに刺された」といった場合は、このツメダニが原因です。掃除機で吸い取るのは、こうしたヒョウヒダニやツメダニです。

たけし　やっぱりダニは人間の迷惑になっている。

島野　しかし、人の体に寄生したり、農作物に被害を与えたり、人間と関わりあいのあるダニを徹底的に挙げてみても全体の二〇パーセントぐらいで、あとの八〇パーセントは人間とは関係ない森などで自由気ままに生活しています。

たけし　先生の専門は自由気ままなダニなんですよね。

島野　はい。専門はササラダニというダニで、世界中で一万種近くが知られていて、日本でも七百五十種近い種が記録されています。その多くが、森の落ち葉の分解者です。

布団を干してもダニは死なない

たけし　世界に生息しているダニは全部でどのくらいの量になるんですかね。前に聞いた話では、例えばシロアリは世界に二十四京個体が生息しているという話だったけれど。

島野　日本の国土の六八パーセントが森林で、森林面積は二千五百万ヘクタールあると計算しますよね。日本では一平方メートルに平均四万匹のササラダニがいるとして、森林部分だけに生息するササラダニ類だけでも約一京個体となります。森林に生息する他のダニも含めた全ダニ類ならば、単純に一・五倍したとして、約一・五京個体です。日本全面積なら相当な数になるでしょうね。これだけの数のダニが、分解者だけではなく生態系のそれぞれの働きを担《にな》っていますから、ダニがいなくなると生態系も働かなくなるかもしれません。

たけし　世界全体だともっとすごいわけですね。

島野　同じように計算してみると、世界の森林部分だけに生息するササラダニ類は百六十京個体。日本以上に林床が発達している森もあるので、換算し直すと約三百京個体となります。全ダニなら約四百五十京個体でしょうか。これは森林だけで、世界には中央アジアなどに草原も多いので、もっと沢山の個体が生息していると思います。

たけし　わっ、地球上はダニだらけという話ですね。

島野　ええ、地球上はダニだらけです（笑）。火山の噴火口以外にはダニがいると思って間違いありません。

たけし　さすがに噴火口にはいないんですか。

島野　ダニは熱には弱いんです。そうはいっても六十度以上でないと死なないので、ダニ駆除のために布団を干しても、あれは意味がありません。そのうえ、布団を叩《たた》くと、ダニの屍骸《しがい》が細かくなるだけなので、余計にアレルゲンを増やすことにもなりかねません。ですから、布団は干さずに、掃除機で一平方メートルに付き二十秒のペースで、一週間に一度は掃除機をかけるのが一番いいんです。床や畳も同じペースで三日に一度は掃除機をかけたほうがいい。

たけし　ダニは深海にもいるらしいですね。

島野　深海七千メートルにもウシオダニというダニがいます。深海の海底あるいは有機質にくっついて、上から落ちてくる藻類や、線虫などの微小な動物を食べているらしいのです。

たけし　どうやって海中で酸素を取り入れているんですか。

島野　よく質問されるところなんですけど、呼吸器は特になくて、海水に溶け込んでる酸素を皮膚を通して取り込んでいると論文には書いてありますね。

たけし　本当にどこでもダニがいるんだ。でも、ダニという名も、いつ頃から「ダニ」と呼ばれているんだろう。名前の由来というのはあるんですか。

島野　日本の文献ですと、西暦九〇〇年ぐらいには出てきているみたいです。「タニ(谷?)」がもともとの語源ではないかと言われています。ダニの体がへこんでいるからなのか、人間の体のへこんでいるところが好きだから名付けられたのか、その起源はよく分かっていません。

たけし　ダニという字に漢字を当てるとどうなるんですか。

島野　字を当てると、いくつかの漢字があります。日本でつくった「蟎」という難しい漢字があって、中国でもその漢字の簡体字が使われていますね。英語ではダニは、ティック(tick)とマイト(mite)と言います。血を吸うのがティックで、血を吸わないのはマイトです。

ダニがチーズを熟成させていく

たけし　「マイト・ガイ」というと、日本では小林旭《あきら》だけど、外人には「ダニ男」って聞こえるかもしれないね（笑）。世界的にもダニのイメージって悪いんですか。

島野　世界中でもダニのイメージはよくないですね。

たけし　コウモリとかオオカミとか世界的に嫌われているのは、キリスト教に関係しているところがある。コウモリもオオカミも悪くはないのに、悪魔の手先みたいに思われている。ダニが嫌われるのも宗教と関係あるのかな。

島野　キリスト教とは関係ないと思いますが、嫌われていますね（笑）。「ダニと宗教」という点でいうと、紀元前一五〇〇年頃にレバノンに建てられた、バッカスの神殿に彫刻があります。その天井を飾る彫刻に四匹のダニが描かれている。長編叙事詩『オデュッセイア』に出てくる犬につくマダニなんですけど、やっぱり悪者にされていますね。一番古い文献だと、千五百年くらい前のパピルスにダニ熱について書かれたものがあります。ダニ熱は、マダニに嚙《か》まれると罹《かか》る病気です。

たけし　古代エジプトでは太陽神ラーを祀《まつ》っていたけれど、フンコロガシが転がすフンの様子が、朝日が昇るのに似ているというので、フンコロガシはケプリという神様に譬《たと》えられた。エジプトでは意外な生物が神様になったりしているんだけど、そこでもダニは嫌われていたんだね。

島野 そんなにダニを悪者扱いしないでください。ヨーロッパではチーズの歴史とダニの歴史が切り離せなくて、英語だとティックとかマイトしかないんですけど、フランス語だとシロン（ciron）という単語がある。これはチーズに付くチーズコナダニ（広義）のことです。今日、シャーレに入れてダニを持ってきたのでご覧になりますか（顕微鏡をセットする）。

たけし （顕微鏡を覗《のぞ》いてみて）ああ、これはまた随分いるな。白くて意外にかわいいね。これは何をしているの？

島野 シャーレの中にミモレットというチーズの粉が入っていて、チーズと、チーズに付くカビを食べています。

たけし チーズとカビとダニで、この小さなシャーレの中でひとつの宇宙を形成しているって、すごいな。チーズをつくる人たちは、チーズコナダニ以外のいろんなダニをチーズにまぶしたらどう変わるか研究しないのかな。

島野 そういうことはあんまりやってなくて、自然からの恵みとしてダニを捉《とら》えていました。全部「ありのままでやってます」と言ってました。チーズをつくって乾かすと最初はカビだらけになります。職人さんがブラシを毎日毎日かけてカビを落としていくんですけど、そこにダニが入ってきてカビの量を調節していくのです。それでチーズを熟成させていく。

たけし　わざわざダニを見つけてまぶしたというより、チーズに自然にダニがわいて、おいしくなるんですね。

島野　そういうことだと思います。

たけし　ダニが付くことで味が変わったりするんですか。

島野　それは諸説あります。ダニの分泌物の中には、レモングラスと同じ成分が含まれていることがあります。レモングラスは、タイのトムヤムクンに使われる香料です。あの香りがダニからも出ているので、もしかしたらその匂《にお》いづけがチーズにされているのかもしれないと思いました。しかし、去年調べたところ、そんなに匂いづけはされていませんでした。では、ダニがどんな役割をしているのかというと、さっき言ったカビの量の調節の他、ダニがチーズに穴をあけてくれるので、チーズがより空気と触れやすくなって、熟成を促しているのではないかと言われています。

たけし　これはチーズとダニを一緒に食べるんですか。

島野 いえ、チーズはダニが付いたままで売られていますが、ダニはチーズの表面だけにいるので、その部分は削って食べます。一度、ダニとチーズを一緒に食べたこともありましたが、全然おいしくなかった（笑）。ミモレットはベルギーとの国境に近い地域でつくられますが、フランスのオーベルニュ地方でも、ダニを使ったチーズの熟成をやっています。

たけし 現在、チーズの熟成にダニを使っているのは、フランス、ドイツだけと先生の著書には書かれていましたね。

島野 今残ってるのは三カ所だけですね。フランスの二カ所と、あとドイツのアルテンブルクです。この三カ所は距離がかなり遠く離れているにもかかわらず、同じ種類のチーズコナダニが付いていました。パスカルの『パンセ』とか、ラ・フォンテーヌの『寓話《ぐうわ》』で「小さな生物の代表」として出てくるのもチーズコナダニです。ドイツの「ダニチーズ」は、ドイツ国内で登録されているスローフードのうちの一つなんです。ミモレットは値段は高いですが、日本でも購入できます。しかし、オーベルニュとアルテンブルクのチーズは日本には入ってきていないので、現地でしか食べられません。

メスがメスを産む単為生殖

たけし　小泉純一郎首相が郵政解散をしようとした時に、森喜朗《よしろう》が話し合いに行って解散をやめさせようとした。その時、森が記者団に「(小泉首相は自分に) 干からびたチーズしか出さなかった」と言っていたのがミモレットだった。あれにもダニが付いていたのか (笑)。

島野　日本では付いている時もあります。むしろそれが新鮮な証《あかし》 (笑)。でも、アメリカではダニが付いているので輸入禁止なんです。そこがもうアメリカとヨーロッパの食文化の大きく違うところですね。

たけし　アメリカはハンバーガーを食べて、コーラを飲んでいればいい国だから、他国の食文化なんか分からないんだね。チーズの他にも、ダニがついたらおいしくなったという食べ物はないんでしょうか。

島野　浅草で七味唐辛子事件というのが昔ありました。七味唐辛子の中にダニがわいて八味唐辛子になった (笑)。

たけし　それはおいしくなったという話ではない (笑)。

島野　それで当時、やげん堀の方々が慌《あわ》てて調査を依頼した。ちょうど混ぜ合わせたあたりの湿度がダニが発生しやすい湿度になっていたことが分かった。今はライトを当てて非常に乾燥させた状態にしてから密封するのでダニがかなりわきにくくなって、心配ないですね。

たけし　八味唐辛子にしたら、風味はどうなるんだろうね。

島野　ダニ自体はアレルゲンになるので、残念ながらあまりお勧めはできません。あと、ダニが繁殖しやすいので注意したほうがいいのが、お好み焼きの粉ですね。お好み焼き粉一グラムの中から約三万匹のダニが見つかったことがありましたから、百グラムのお好み焼きでは、三百万匹のダニを食べていることになる。この粉は賞味期限が二年過ぎていて、食べた方がアレルギー反応で病院に担《かつ》ぎ込まれた。結局、ダニのアレルギーだったそうです。

たけし　あらら、それは大変だ。

島野　最近、お好み焼き粉の中にダシが入ってるものがありますね。今の話も、このダシの入ったお好み焼き粉の話です。ただの小麦粉だけではなく、ダシが入ったもののほうが栄養価が高いので、ダニが増殖しやすいんです。学生に聞くと、だいたい流しの下の湿ったところで、袋の口を洗濯バサミで挟んで保管しているという。あれが一番ダメで、ダニが繁殖しやすい。チャック付の袋にお好み焼き粉を入れてタッパーウェア内にしまって、冷蔵庫に密閉保存するのが一番いい。

たけし　ダニは何万匹って繁殖するわけだけど、ダニは卵からいきなり成虫の形になるんでしょうか。

島野　基本は卵から幼虫になりますが、幼虫は足が六本です。足が左右で一本ずつ少ないんです。それから次が若虫というのになって、ここで足が成虫と同じ八本になります。若虫が脱皮してようやく成虫になれます。

たけし　卵、幼虫、若虫、成虫の四段階ですか。

島野　ダニによりますが、卵、幼虫、第一若虫、第二若虫、第三若虫、成虫と、すごく脱皮を繰り返すものもいます。

たけし　成虫になると、生殖はどうするんですか。

島野　私が研究しているササラダニでは、メスがメスを産むという単為生殖のグループがすごく多い。ササラダニは土や落ち葉に遮られているので、オスとメスが出会う機会が少ない。だから交尾しなくても繁殖できる方法を進化の過程で選んだのでしょう。雌雄がいるグループでも直接交尾というのは非常に少ないです。ササラダニのオスは、体から粘液を出して小さな塔みたいなものを建てます。糸状の粘液が上へと伸びて、その先に精子を貯《た》めている「精包」という部分が付いている。塔の近くを通りかかったメスが精包をちぎりとるようにして体内に取り込む。オスとメスが出会う機会が少ないので、オスがそういうプレゼントを置いて、メスがそれを見つけて体に取り入れる方法を取っているんです。

たけし　そうするとオスは、どのメスが精包を取り込むかは分からないんだ。自分の子どもも分からない（笑）。そもそもダニって、どのくらい長生きするものなんですか。

島野　それもグループによります。数百日から、長いのだと五年ぐらい生きます。高山帯に棲《す》むササラダニですね。一年に一回ずつ脱皮していって五年間かかるんです。

たけし　アリやハチは集団を作って社会性を持っているでしょう。そうしたダニはいないんですか。

島野　いますが、むしろ逆でアリの食べ物になることがあります。私の専門のササラダニではアリバテスという種類がいて、アリは自分の幼虫よりもこのダニのほうを大事に育てていて、餌がなくなって飢餓になると飼育したダニを食べるんです。そのダニはぶよぶよで自分では歩けないんです。

たけし　栄養を与えられ食いごろになったら食べられるわけだ。情けないな。ダニ自体に、すごい能力があったりすることはないんですか。

島野　ハモリダニ（ケダニ類）の仲間のある種が、動物で一番速いという人がいます。一秒あたり身長の三百倍の距離を移動できる。ヒトの体サイズに直してみると、マッハ一・六に相当するらしい。このダニは、摂氏六十度の熱にも耐えられると言います。節足動物のなかでも通常の状態で六十度の熱に耐えられる動物はかなり珍しいです。日本にも高温に強いダニがいて、オンセンダニ（ミズダニ類の仲間）というダニは、新潟県の妙高高原の燕《つばめ》温泉の露天風呂《ぶろ》から、新種として記録されました。四十度を超える熱に耐えて生息できるようです。他にも、ほぼ冗談で、ダニとティラノサウルスの顎の強さの比較を計算してみました。ティラノサウルスは、地上最強の顎の力を持つと言われていますが、自分の体よりも大きな硬い落ち葉等を食べるササラダニの仲間と比較してみました。顎の一本の歯（ダニは鋏角顎体部《がくたいぶ》の突起）にかかる力を算出したところ、もしササラダニとティラノサウルスが同じ大きさならば、ササラダニのほうがティラノサウルスに比べて六倍から十倍も顎の力が強いことになりました。

自分は犠牲になっても家族は守る

たけし ダニの能力となると、熱が入りますね（笑）。ダニにも脳はあるんですよね。

島野 ダニは体の中が非常にコンパクトに出来ていて、ササラダニでは、脳がドーナッツ状になっていて、脳の真ん中に食道が通ってます（笑）。そのすぐ後ろに胃がありますね。

たけし 脳があるということは、こんな小さなダニでも「死ぬのは嫌だ」とか生死を感じているのかな。

島野 死ぬのは嫌なんじゃないでしょうか。ダニも仲間に情報を伝達する「言葉」を持っているんですね。

たけし それは動作なんですか。

島野 動作ではなくて、体の両側に化学物質を出す穴が開いているんです。いつもは仲間を呼び寄せるために少しずつその物質を出してますが、危険に遭うとそれを大量に放出して仲間や家族を逃がすんです。警報フェロモンというのですが、私たちが乱暴にダニを潰《つぶ》してもフェロモンが出ますし、あとはダニをいじめても出ます（笑）。

たけし 身をもって危険を知らせるわけだ。

島野 自分が犠牲になっても家族は守るんですね。何とも美しいダニの家族愛です（笑）。

たけし　敵から攻撃された場合、警報フェロモンの他に、何か防御することもできるんですか。

島野　私が専門のササラダニで言えば、落ち葉を食べるだけなので、歩行速度が遅く、動作も緩慢です。ですから、外敵からの攻撃を受けやすい。特に昆虫のコケムシの仲間はササラダニを積極的に捕食することが知られています。私たちがカニを食べる時に、脚の関節を折って、そこからカニの身を取り出して食べますが、コケムシも同じようにササラダニの足を切断したりするんです。そこで、しっかりと防御するために、脚をぴったりと隙間《すきま》なく体にくっつけたり、フリソデダニ（ササラダニ亜目）のように脚の防御板を出したりします。また、背毛をさまざまな形に変化させて、外敵を遠ざけたり、威嚇《いかく》したりするのもいます。イレコダニ（ササラダニ亜目）は驚くと、アルマジロのように、体を丸めて完全に脚を体の中に収納してしまいます。

たけし　ダニが、ハリネズミやアルマジロと同じような防御戦略を取っているとは、生き物って不思議だな。

島野　フェロモンの話が出たついでですが、私たちは日本のササラダニの体の横から出ている化学物質をチェックしていたんですが、その時にヤドクガエルの毒が出てきたんです。

たけし　ヤドクガエルって強烈な毒を持っている奴《やつ》ですね。

島野　ええ、コロンビアの先住民がヤドクガエルの毒を吹き矢に塗って狩猟したことが、ヤドクガエルの名前の由来になっています。微量で人間の大人を死に至らしめます。この毒は自然界で非常に珍しいものなんです。もしかするとヤドクガエルが毒を生体濃縮するもとになってないかと思ったんです。それまではヤドクガエルの毒は、アリを捕食して、そのアリの持つ毒を蓄積していると考えられていました。しかし、そのアリがダニを食べることや、もしくはヤドクガエルが直接ダニを食べることまでは誰も気づいていませんでした。私たちはその可能性を示唆《しさ》して論文にしたんですけど、その後、アメリカのグループが実際にヤドクガエルが生息するエリアにいるササラダニ類からも毒を検出しました。

たけし　ササラダニ類には全《すべ》てその毒があるんですか。

島野　私たちが毒を見つけたのはアヅマオトヒメダニと言います。オトヒメダニ類は世界中に広く分布しているんですよ。

たけし　そのダニは危険なんですね。

島野　毒を持っているとはいえ、極微量なので、多分二、三匹食べても全然大丈夫(笑)。ヤドクガエルがかなりの分量のダニを食べているか、アリの体内で濃縮された毒をさらに濃縮しているものと思われます。ですから、街のペットショップで売られているヤドクガエルは、普通の餌を与えられているので毒がない。触っても全く安全です。

人間以外の価値観にも目を向けて

たけし　先生はダニを追いかけてもう何年になるんですか。

島野　大学院の頃からですからね。私が大学院を出たのが約二十年前なので、だいたい二十数年間になりますか。

たけし　そもそもどうしてダニなんですか。

島野　もともと子どもの頃から昆虫学者になりたかったんです。ダニに出会ったのは、中学三年の時に青木淳一博士の『自然の診断役・土ダニ』（NHKブックス）を手に取ったのが最初でした。大学に行く時は、昆虫やムシの研究が出来るという理由から農学部に進んだのですが、大学三年の時に植物の遺伝子の研究室に配属されてしまいました。ところが、知人の紹介で青木博士に会う機会があって、大学院に進む時に、先生の教室に入ることができました。

たけし 法政大学の前は宮城教育大にいらっしゃいましたが、そこでは何を教えていたんですか。

島野 宮城教育大では環境教育を教えていました。持続可能な社会づくりには、どうしたらいいかと。

たけし それはダニと何か関係があるんですか。

島野 全然関係ないです(笑)。

たけし 学校で授業をしながら、「ダニの研究をしなければいけないのに、時間がもったいない、ちきしょう」と思っている(笑)。それで、今はダニの研究メインなんですか。

島野 いや、今でも大学の講義はダニの研究とは関係ありません。現在は国際文化学部で生物学を教えています。肝心のダニ学については、東京大学などへ、非常勤として教えに行っています。

たけし ダニはライフワークとして研究され続けているんですね。先生の研究は、ダニが警報フェロモンを出すとか、そういった生態がメインで、新種を見つけるために山奥に入って行こうとか、そういったものではないんですか。

島野 ダニの研究をスタートした時は、青木先生が新種をたくさん見つけて名前を付けている方だったので、あえて先生と違ったことをやっていたのですが、次第に名前を付ける仕事へと移ってきました。昨年は、日本に生息しているササラダニ類約七百五十種ほぼ全部の種を見直して、種名が誰にでも分かるように検索表にまとめました。

たけし　先生も新種を見つけることがあるわけですか。

島野　はい、ダニ採集にも行きますね。最近だと、インドネシアの山奥とかです。人のいないところがいいんです。

たけし　韓国と北朝鮮との国境の三十八度線なんかは、珍しいダニがいそうですね（笑）。

島野　行きたいですね。虎視眈々《こしたんたん》と狙《ねら》っています（笑）。

たけし　ダニは環境の変化には強いんですか。

島野　もちろん環境変化に適応できるものもいます。でも、深い森に棲《す》んでいるササラダニは変化に弱い。そのダニを求めて、命の危険を冒して採りに行ったりします。船と車を乗り継いでロシアの山の中までササラダニを採りに行った時には「ああ、疲れた。アーモンドでも食べようか」と座って手をついたら、その下にヒグマのウンチがあったりとか（笑）。

たけし　ダニは捕まえるといっても大変でしょう。

島野　ええ、昆虫だったら「いた」と捕まえればいいんですけど、僕らの場合にはそうはいかない。ツルグレン装置というのを使って、土の中からダニだけを取り出します。そして、アルコール漬けにして、DNAをチェックできる形にして、持ち帰ります。

たけし　現地では新種かどうかは分からないんですか。

島野　分からないんですね。そこが悲しいところで、昆虫だと「こんなにいいのが見つかった」と言えるんですけど。

たけし　新種を見つけると、発見した人は名前を付ける権利を持つわけですよね。

島野　はい。たけしさんがダニを持って来てくださって、もし、それが新種だったら、タケシウデナガダニとか付けることが出来ますよ。

たけし　ダニに自分の名前が付いていてもあまり嬉《うれ》しくないな。流行の名前を付けたら、どうだろう。ゲスノキワミダニとか。他の先生たちから怒られたりして（笑）。

島野　変わった名前では、「ダースベイダルム」という口の周りがダース・ベイダーの顔に似ているダニがいます。

たけし　あと百年経《た》ったら、その意味が分からないかも（笑）。これから先生の研究はどういう方向に向かうのでしょうか。

島野　人の役には立たないけれど、ダニの役には立つような研究を続けたい（笑）。半ば冗談ですが、嫌われ者と思われているダニであっても、生態系の中では必要なんです。「嫌われ者」というのは人間の価値観にすぎない。究極的なことを言うと、持続可能な世の中をつくっていくためには、人間以外の価値観も認めないといけない。だからダニのことも少しでも多くの人に好きになってもらいたいと思っています。

たけし　先生のダニに対する愛を人類に広めていかなければいけませんね。テーマソングは決まりだね。♪オオ、ダニー・ボーイって（笑）。

（「新潮45」二〇一六年五月号掲載）

file.08

オオカミ復活で生態系を取り戻せ

オオカミの達人

丸山《まるやま》 直樹《なおき》

１９４３年新潟県生まれ。66年東京農工大学農学部卒業。新潟県林業試験場に勤務した後、東京農工大に戻る。97年同大学農学部教授。93年日本オオカミ協会を設立、会長に就任。農学博士。編著に『オオカミを放つ』、『オオカミが日本を救う！』等。

絶滅した日本のオオカミ。
果たして復活させることはできるのか。
オオカミには怖いイメージがあるけれど、
これが生態系には欠かせない存在らしい。

日本でオオカミは、どうして絶滅したのか？

たけし　丸山先生が会長をなさっている日本オオカミ協会は、「オオカミの復活」を提唱している。日本の森林ではシカが増えすぎて、シカの過剰摂食により森の木や植物がなくなり、生態系が崩壊の危機にある。農林業への被害も年間で七十億円を超えるとか（二〇〇九年度）。そのシカを駆除するには、天敵であるオオカミの再導入（一度いなくなった動物を人間の手で地域に復活させることを再導入という）しかないと先生は考えている。初めからオオカミの研究家だったのですか。

丸山　もともとは自然保護や生態学をやっていました。私は大学を出た後、新潟県林業試験場で勤務していたのですが、一九六八年に母校の東京農工大学から助手として呼び戻されたんです。東京農工大学で日本初の自然保護学講座が出来たからで、当時はそんな研究をやる人が誰もいなかった。それで「おまえでもいい」と呼び戻されたんです（笑）。

たけし　オオカミへの関心は、その頃始まったのですか。

丸山　いいえ、私がオオカミに興味を持ったのは、だいぶ後になってからです。実は、最初はシカの生態研究をしていました。シカの研究が一段落した頃に海外に出るようになって、一九八八年にポーランドで野生のオオカミに出会ったんです。仰天しましたよ。どうしてかというと、童話「赤頭巾《あかずきん》」に出てくるようなオオカミが、それも野生の状態で牧草地に普通に生息しているんですから。

たけし　オオカミは、人の気配があったらなかなか出てこないそうですね。ポーランドでは普通に見られるんですか。

丸山　オオカミにとって人間は恐ろしい存在なので、人には出会わないようにしている。だから、ポーランドにオオカミを見に行っても、めったに出会えません。

たけし　先生はたまたま出会ったんですか。

丸山　はい、たまたまです。

たけし　神の啓示だったんですかね（笑）。

丸山　そんな大げさなもんじゃないと思いますけど（笑）。牧草地にいたら、たまたま森から出てきたオオカミ二頭に出会った。五百メートルぐらいの距離でした。それまで私はシカの生態を研究してきたにもかかわらず、その捕食者であるオオカミのことを全く忘れていた。一九八〇年代からシカによる自然生態系への破壊的影響は問題となっていたんです。シカ対策のことを考えたら、オオカミのことを考えないわけにはいかない。日本にもつい最近、一世紀前までオオカミはいたわけです。ならば、トキやコウノトリと同じように、再導入によってオオカミを復活させて、それによる自然生態系の復活を考えるようになったんです。

たけし　一世紀前というと、具体的にはいつ頃、日本のオオカミは絶滅したんでしょうか。

丸山　北海道に生息していたのはエゾオオカミで、本州、四国、九州に生息していたのはニホンオオカミなんですが、最後の一匹がどれなのかを特定するのは難しい。記録上は本州では一九〇五年に奈良県で捕獲されたもの、北海道では一八九六年に函館の毛皮商が扱ったものが最後です。その後もオオカミを見たという証言もあったりして、絶滅がいつだったかはハッキリしないんです。

たけし　つまり、二十世紀になった頃にいなくなったわけですね。なんか映像残っていないかな。オーストラリアのタスマニアタイガー（フクロオオカミ）も絶滅したけれど、一九三三年に撮られた最後の映像がある。オーストラリアではイギリス人の入植者たちが、タスマニアタイガーは家畜を狙《ねら》うというので、駆除の対象にしてしまった。

丸山　タスマニアタイガーについては正確な頭数は忘れましたけど、政府が懸賞金を出して駆除した結果、絶滅しているんです。北海道のエゾオオカミや本州以南のニホンオオカミも明治時代に政府が報奨金を出して駆除されたあげくに絶滅しています。

たけし　日本でも報奨金を出して駆除したというのは、牧畜をやるに当たって、オオカミが邪魔だからですか。

丸山　それも一つありますね。もう一つの理由としては、明治政府はオオカミが生息していることが嫌だったんですよ（笑）。なにしろ日本全国で駆除されましたから。

たけし　なんで明治政府がオオカミを嫌うんですか。

丸山　あの時代は、日本以外の西欧の列強諸国は、どこの国もオオカミ虐殺《ぎゃくさつ》に狂っていた時代だった。アメリカ人は今でこそ野生動物の保護に関心が高いですが、実は一九一四年に連邦議会は合衆国生物調査局にアメリカからオオカミを消し去るために、積極的に駆除に取り組むよう指示しています。

たけし　さすがは極端なことを好むアメリカ人だね。

丸山　それでアメリカからオオカミはほとんどいなくなった。イギリスではそれよりも大分前に絶滅している。当時はドイツやフランスでも同じようなオオカミ虐殺が起こりました。

たけし　それはオオカミが家畜を狙うからですか。

丸山　それもありますが、あと宗教的な理由もありますね。

たけし　宗教的な理由というと。

丸山　「赤頭巾」や「三匹の子豚」に見られるように、オオカミは悪い動物とされています。これは家畜を捕食するという理由の他に、キリスト教の動物蔑視《べっし》の道徳観や自然を人間の下位に置くという宗教的自然観にも影響されていると思われます。明治以降、欧米列強の仲間入りをしたい日本も、遅れた国だと思われたくないために、欧米の価値観に追随しようとした。そこで、オオカミを一頭残らず殲滅《せんめつ》してしまえということになったのです。

たけし　モンスター映画でも出てくるのは「オオカミ男」で、「ライオン男」ではない（笑）。どこか宗教的にオオカミは魔物的なイメージがあったのかもしれないですね。

丸山　あと、もう一つ挙げれば、明治政府の宗教政策ですよ。江戸時代までの日本はアニミズム（自然崇拝）でした。もともと神道《しんとう》というのもアニミズムでしょう。そうした中で、オオカミを神として祀《まつ》るオオカミ信仰も日本にはありました。しかし、明治政府は、神道の信仰体系の一番上に天皇陛下を位置づけようとしました。そうなると、天皇陛下とオオカミが、神様として同じになってしまう（笑）。それでは具合が悪いので、オオカミはいらないとなったんです。

たけし　そうやって明治時代に猟師がオオカミを徹底的に駆除してしまった。

丸山　ええ。政府が一頭につき当時のお金で七、八円の報奨金を出しましたからね。競って駆除されたわけです。

ニホンオオカミは大陸由来

たけし　ところで、ニホンオオカミやエゾオオカミというのは、系統的には欧米にいるオオカミに近いのですか。

丸山　ニホンオオカミについては長い間議論されていたのですが、二〇一二年に岐阜大学農学部教授の石黒直隆氏が、残されていたオオカミの標本から採取したDNAを分析しました。その結果、エゾオオカミはアジアと北米大陸に生息するハイイロオオカミのグループに位置することが検証されました。エゾオオカミはカナダのユーコン地方に生息しているオオカミと遺伝的に近いということが分かったのです。

たけし　エゾオオカミがカナダのオオカミと一緒だとすると、ユーラシア大陸から樺《から》太《ふと》へ行って日本に渡ってきたオオカミと、同じくユーラシア大陸からベーリング海峡の陸橋を渡ってカナダに行ったオオカミがいるわけですか。

丸山　それは、すごくややこしいんです。なぜかというと、オオカミはあちこちを行ったり来たりしているから。現在のオオカミの祖先は北米で誕生していて、百八十万年ぐらい前に、コヨーテとオオカミが分れたと言われています。北へ広がったオオカミがベーリング海峡を渡ってユーラシア大陸に入り、西の外れはイギリスまで行って、それから地中海の南のほうに入り込んでいった。こうして、ユーラシア大陸を移動している間に大型化したんです。大型になったオオカミが、何かの拍子にまた北米に戻った。今、北米に生息している大型のオオカミがそれです。こうしてウロウロしているうちに、ユーラシア大陸からサハリンを経由して渡来した系統がエゾオオカミではないかと言われています。

たけし　ニホンオオカミはどうなんですか。

丸山　ユーラシア大陸に生息するタイリクオオカミやアメリカ大陸のハイイロオオカミとは離れた存在であり、孤立した集団であると指摘されています。しかし、まだよく分かっていないことが多いんです。ただ、ユーラシア大陸由来のハイイロオオカミであることは間違いありません。

たけし　北海道のエゾオオカミに関しては、カナダのオオカミと同種であるのならば、そのまま導入しても問題なさそうですね。でも、先生は生態系の崩壊をシカのせいにしていますけれど、スギやヒノキの人工林になっている問題も大きいんじゃないですか。日本の森林は今やほとんどスギ・ヒノキの人工林で、林業の低迷とともに手入れがされなくなった山は荒れるばかり。それで土壌が流れやすい状態になっている。その上、人工林の中では生物の多様性も失われつつある。生態系のことを考えれば、まずは針葉樹林から昔のように広葉樹林に替えていかなければいけないという意見もありますね。

丸山　たけしさんのおっしゃるように、日本の森林の四割以上が、スギやヒノキの人工林になってしまいました。ぼちぼちそれを元に戻そうという運動が高まっています。そうするとスギ・ヒノキを伐採しないといけない。伐採すれば、当然そこに若い草や灌木《かんぼく》が生えてきます。それがシカの餌《えさ》になりますから、今以上にもっとシカは増えて、せっかく手入れした森に被害を与えることになる。ですから、シカを抑え込まないことには、人工林を自然林に戻すことも難しいんです。

たけし　なるほど。森林を元に戻すためにも、まずオオカミの導入が一番手っ取り早いということになるんですか。

丸山　手っ取り早いというか、それ以外に手はありません。

シカ対策にハンターは頼れない

たけし　シカが減ればいいわけですから、猟師を増やしていくというのはどうなんでしょうか。

丸山　なぜ明治以降にオオカミがいなくても、シカがこれほど増えなかったのかと言えば、ハンターたちがシカを狩っていたからです。ところが、ハンターが高齢化した上に、後継者もいないから、シカを狩猟する人がいなくなってしまった。国もシカ対策をハンターに頼ろうとしていますが、非常に難しい状況だと思いますよ。

たけし　先生が冒頭に触れたように、シカの被害が言われ出したのは八〇年代ぐらいですよね。

丸山 そうです。ハンター人口のピークが、一九七〇年代で狩猟免許取得者が五十万人以上いました。今はそれが五分の一ぐらいで、十万人を割ろうとしています。

たけし 銃刀法が厳しくなって、狩猟免許を取りづらくなったことが理由としてあるのでしょうか。

丸山 それも一つあると言われていますけれども、ハンターの仕事そのものが3Kなんです。「汚い、きつい、危険な仕事」なので、若い後継者が育たないんですよ。

たけし 趣味としてハントする人も減っているんですか。

丸山 趣味でハンターをやっている都会の人も結構いたんですけれど、山に入って狩猟をやろうと思ったら、地元の人たちのグループに混ぜてもらうしかない。ところが、地元のハンターがどんどん少なくなっているので、都市のハンターが頼っていくところがなくなっています。何で地元のハンターがいなくなったかというと、農林業の衰退と関係しているのです。みんな農業や林業をやりながらハンターもやっていました。ところが、農山村社会自体が縮小して、地元の人口も減少、住民も高齢化しているわけだから仕方がないんです。

たけし 確かに猟師さんはもう爺《じい》さんばかりだって聞いたことがある。森の中で待ち構えていて、獲物を追い立てていたら、間違えて仲間を撃ってしまう。「黒い服を着ていたから、熊《くま》に見えた」って（笑）。こうした事故が増えているらしい。ハンターが絶滅しそうだから、日本オオカミ協会ではハンターの公務員化というのも提案されているんですよね。

丸山　もうハンターをやる人がいなくなっているから、職業化して自治体が採用しだせば、不況で就職難だから、希望する若い人も出てくるのではないかと思っています。若い人が狩猟の技術を身につければ、定年まで長期間やってもらえますから。ただ実際問題、難しいでしょう。なぜかというと、今、日本の地方自治体の数は千八百ぐらいあると思いますが、そのうちシカやイノシシの被害で困っている市町村は千二百から千三百ぐらいあるんじゃないでしょうか。では、一町村で何人ハンターを雇ったら被害を抑えられるのか。現在、私は静岡県の南伊豆町《みなみいずちょう》に住んでいます。十数年前に引っ越した時は十人ぐらいのハンターのチームが三チーム、山に出たり入ったりしていました。南伊豆町は大きな町ではないですが、それでもハンターは三十人ぐらいいたと思います。しかし、ここ数年は彼らも高齢化したのか、銃砲の音もしなくなって、シカやイノシシが増えています。以前と同じ数だけのハンターを雇うとしたら、地方自治体は財政破綻《はたん》しますね。

たけし　なるほど（笑）。

丸山　一町村で五人雇ったとして、私がざっと計算しただけでも、諸経費込みで、全国で毎年数百億円から一千億円以上のお金が必要になる。だから、現実問題としてハンターを増やすのは不可能だと思っています。そんなにお金をかけるのだったら、オオカミ再導入のほうが絶対に安上がりなんです。

たけし　それにハンターの場合は、どうしても大きな獲物を狙ってしまう。ところが、オオカミは弱っている個体や、子どもや年老いたシカを襲う。だから、オオカミのほうが適者生存という意味でもいいんですよね。

丸山　おっしゃる通りで、オオカミは年老いたシカから狙います。だって、そのほうが楽ですから。重要なのは、オオカミが狙うシカのうち三〇パーセントぐらいは若い個体、つまり子どもだということです。ハンターは子どもを狙わない。小さくて獲物としてつまらないからです。

たけし　弱い個体は子どものうちに食べられてしまうから、オオカミがいることで、優秀な個体が残っていくわけですね。

丸山　本当に生態系から考えると、あらゆる意味でオオカミはよく出来ているんです。

オオカミは人を襲わないのか

たけし　シカだけではなく、イノシシ、サルなどの農作物の被害も増えている。これもオオカミ再導入で解決しますか。

丸山　はい。オオカミは生態系のネットワークの中の要《かなめ》に位置する「頂点捕食者」です。頂点捕食者がいることによって、ネットワークの中の個体数はコントロールされます。昔、「オオカミを山に入れたらサルの個体数のコントロールもするから、サルの被害が減っていい」という話をしたことがあります。そうしたら、サルの研究者が「サルは木に登るからオオカミに食べられるわけがない」と反論していましたが、実際、サルはオオカミに食われます。というのは、イヌは吠《ほ》えるので、サルはいち早く気がついて逃げて木に登ります。しかし、オオカミは吠えずにサルに気づかれないように近づき、一気に攻撃します。そこがイヌとは違うところです。それから一旦《いったん》、オオカミに食べられたら、サルはオオカミの存在を気にしてビクビクしだす。そのストレスで、繁殖率がガタッと下がるんですよ。ストレス効果と言いますが、エルク（大型のシカ）の場合では繁殖率を下げることが確認されています。

たけし　サルも襲うんだとしたら、人間は襲わないんですか。オオカミは人間には用心しているとは言うけれど。

丸山　オオカミは警戒心が強く、基本的には人には近づきません。オオカミは北米、ユーラシア大陸など北半球に二十万頭以上はいると推測されています。もしオオカミが人に危害を加える、もしくはオオカミが人を食べる習性があるんだったら、毎日どこかで人が食べられていますよ（笑）。でも、そんなことはない。昔、ＫＬＭの機内誌に、アメリカの野生動物保護団体「ディフェンダーズ・オブ・ワイルドライフ」が宣伝広告を出したことがあります。「犬は毎日人を噛《か》んでいるのに『人間の友』。オオカミは人を噛まないのに『人間の敵』だとされている」って。かなり辛辣《しんらつ》ですよね。

たけし　人間がオオカミに餌をあげたりして、人にならしたりすると、人間を怖がらなくなるから、かえって危害を及ぼす恐れがあるらしいんですね。

丸山　人間だってそうじゃないですか。「おまえ、いい奴《やつ》だな」と部下を甘やかしていたら、そいつに対しては示しがつかなくなってしまう。だから、常に恐れさせるようにしないといけない（笑）。野生動物は、みんなそうですよ。だから、オオカミが傍に来たからと言って、「かわいい、かわいい」と言って、餌なんかやっては絶対にいけないんですよ。

たけし　しかし、オオカミを復活させたら、餌をあげようとするオバちゃんなんかが絶対にいそうですね。

丸山　北海道の知床《しれとこ》半島にオオカミを再導入したらいいのではないかという話をしたら、地元の人が「今だってヒグマやシカの管理で大変なのに、オオカミの管理はどうするんだ」と聞いてくるので、「オオカミは管理しなくてもいい、ほったらかしておけばいい」と私は言うんです。むしろ管理しなければいけないのは人間のほうです。知床に来る観光客には変な人がいる。ヒグマは甘いものが好きだから、ヒグマが現われると、アンパン持っていって、隣で記念写真を撮ろうとするらしい（笑）。それがどんなに危険なことか分かっていない。だから、人間の管理のほうが難しいんです。

たけし　人への危害もさることながら、オオカミ再導入に反対する人たちがよく指摘するのが、沖縄や奄美《あまみ》大島でハブを駆除するために、外来種のマングースを導入して大失敗した例だそうですね。明治時代にマングースを導入したら、ハブを駆除しないどころか、沖縄や奄美大島の貴重な在来種の動物や植物を食べて、生態系を壊すことになってしまった。

丸山　あれで私たちは本当に苦しんでいるんですよ。「オオカミを再導入する」という話をすると、どこに行っても「マングースの二の舞になるのではないか」と言われる。マングースの例とオオカミのケースは全然違うんだということを分かってもらうのが本当に大変なんです。それに説明するとなると、結構長い話になりますしね。

たけし　そこを短く話してください（笑）。

マングース導入とは違う

丸山　オオカミは「頂点捕食者」です。マングースというのは「中間捕食者」なんです。ところが沖縄や奄美大島の南西諸島でハブは頂点捕食者の位置にいるんです。中間捕食者というのは頂点捕食者に食われるわけだから、ハブをマングースに駆除させようという発想自体が間違っています。中間捕食者は食われる立場にあるので、とにかく生き延びるためには何でも食べてしまう。それがいけないわけです。

たけし　ハブが頂点捕食者とすると、マングースより本当は強いんだ。確かにおいらも番組の中で、ハブとマングースの戦いのショーを見たことがあるけれど、近くでハブを見たら、ハブの口が縫ってあった（笑）。そうしないと、マングースがやられてしまうらしい。

丸山　日本に導入したマングースはフイリマングースといって、東南アジアからインド、中東にかけて分布しています。あれはコブラを攻撃するのに特化した生き物なんです。コブラは頭を持ち上げてゆっくり相手を狙うけれど、ハブはあんな悠長なことはやっていない。獲物をピュッと狙うから、攻撃方法も全く違うわけです。

たけし　コブラに対抗するなら、同じ毒蛇のハブにも有効だと思ってしまったわけか。お粗末な誤解をしたものですね。だいたいマングースはもともと沖縄や奄美大島にいなかった。オオカミの場合は、もともと日本列島にいたわけでしょう。そこからして大きく違いますよね。

丸山　ところがややこしいことに、ニホンオオカミと北米やユーラシア大陸にいるハイイロオオカミは別種であって、日本にいたオオカミは独立種であると主張した学者が戦後出てきたわけです。その先生の話を信じてしまうと、大陸から連れてくるハイイロオオカミは完全に外来種になってしまう。外来種という意味ではマングースと同じなので、外来種を導入することで在来種に何か被害が出るのではないか、生態系に悪い影響が出るのではないかと懸念《けねん》されてしまう。この誤解を解くのに非常に時間がかかるんですね。

たけし　日本人には、ニホンオオカミが固有種であるという根強い思い込みがありますよね。

丸山　だけど固有種であることを科学的に証明できる論文はないんです。ないにもかかわらず、巷《ちまた》で流布《るふ》してしまった。一旦人々の頭にしみ込んだ固有種説を消すのは大変です。

たけし　もともと何が根拠となって、ニホンオオカミは固有種と言われるようになったのですか。

丸山　その学者が言うには、ニホンオオカミの数少ない剥製《はくせい》を計測したら、特定部位の微妙な形状に違いがあったというんです。伝統的な形態分類学によるもので、それも剥製の数が少ないので、それが個体差なのかどうなのかも分かりません。でも、今ではDNAの分析により、日本にいたオオカミはハイイロオオカミと同じ種であることが分かっている。特にエゾオオカミは、カナダのオオカミと同じであると結論が出ているわけですから再導入には問題ないわけです。

たけし　もしオオカミを再導入するとしたら、どのくらいの頭数が必要だと思われますか。

丸山　頭数は多ければ多いほどいいわけです。例えば、アメリカのイエローストーン国立公園では、前述のようにアメリカ人がオオカミを駆除したことにより、エルクが増えて、生態系を破壊してしまいました。エルクが限られた植物を食い荒らしたことで、生息環境を破壊された動物や鳥、昆虫などが減ってしまった。そこで当局は一九九五年と翌年にカナダからオオカミを再導入しました。当時、三十一頭導入しました。今のところ何の問題も起きていませんから、日本でも、北海道、本州などの各島に、当面三十頭か四十頭ぐらいいれば、充分ではないでしょうか。

たけし　今、イエローストーンは何頭ぐらいなんですか。

丸山　イエローストーン国立公園の中では百頭ぐらいまで増えましたが、観光客が連れてきた犬からジステンパーなどが伝染して一時、四十頭まで減りました。今は元に戻っています。しかし、イエローストーン国立公園の周辺部分を入れたら、もっと多いですね。二百頭ぐらいでしょうか。他にもロッキー山脈の北部にも三十五頭入れています。トータルで六十六頭入れていて、それが現在増えて、イエローストーンの周辺では千六百頭ぐらいまでに回復しています。

たけし　千六百頭というと、何グループあるんだろう。オオカミは何頭ぐらいで一つのグループを形成するんですか。

丸山　オオカミの群れのことをパックっていいます。基本的にはファミリーで構成されていて、パックの大きさは獲物の大きさによって違います。獲物が大きければ、パックの頭数も増える。獲物がエルクの場合だと、だいたい六頭から七頭ぐらいになります。大きなバイソンを獲物にしていると、十数頭ぐらいの大きさのパックになりますよ。

たけし　オオカミが一パック六頭ぐらいだとして、彼らが生きるのにはどのくらいの広さが必要なんですか。

丸山　一パック二万から三万ヘクタールぐらいですね。獲物の量とパックの大きさによって変わりますね。だいたい神奈川県の丹沢山地が全域で六万ヘクタールぐらいですから、その三分の一から二分の一の広さになります。今では丹沢にもたくさんのシカがいるから、三パックも四パックも導入できますよ。だいたいシカの適正密度というのは、一平方キロメートル当たり二頭ぐらい。丹沢でもシカの生息がそこまで落ち込んだら、オオカミも二パックぐらいしか入らない。

たけし　丹沢だと今、シカはどのくらいいるんですか。

丸山　一平方キロメートル二十頭から五十頭ぐらいです。

たけし　えっ、シカだらけなんだ（笑）。とにかく、どこかでもうオオカミを再導入するべきだね。やっぱり北海道かな。

丸山　だいたい皆さん、北海道の知床半島はどうだろうとか、おっしゃるんです。しかし、オオカミというのはどんどん広がっていく。子どもが成長して、生まれ育った群れから自分自身のナワバリと連れ合いを求めて移動する時期には、平均して数百キロメートル動くんですよ。ドイツで生まれたオオカミが、半年の間に千六百キロ離れたベラルーシまで行ったという記録があります。だから、あんな盲腸みたいなどん詰まりの知床半島に放されたら、オオカミがかわいそうなんですよ。だから、放すんだったら大雪山がいいです。大雪山の周りに三十頭ぐらい放したら、十年でもって北海道がオオカミだらけになりますよ。

たけし　なるほど、大雪山ですか。

丸山　あとは四国、九州ですよ。四国というのはケーススタディとしては考えやすいんです。なぜかというと、イエローストーン公園の面積が九十万ヘクタールで、ちょうど四国の半分の面積なんです。イエローストーンの例があるから、四国にオオカミを導入したら、何年後には何頭になってどのくらい広がるのか見当をつけやすいんですね。

どうやってオオカミから家畜を守るのか

たけし　ただ、北海道はサラブレッドの名産地で牧場も多い。サラブレッドは臆病《おくびょう》だから、オオカミ導入に関しては牧場から文句が出るかもしれませんね。

丸山　何かやろうとしたら、どんなことでも誰かがクレームをつけてくるものです。それは仕方がないことです。よく言われるのが、オオカミが羊を襲うということなんです。農水省の役人までもが、日本にオオカミが導入されたら、羊に被害が出ると心配する。だけどオオカミに襲われる羊がどのくらいいるのか。日本全国から飼われている羊を集めても、今は一万頭くらいしかいないんです。

たけし　日本中でそれしかいないんですか。

丸山　日本中でそれしかいません。北海道では、たった五千頭くらいです。それでこの間、ドイツ東部まで出かけて、あそこでもオオカミが復活しているから、どのようにしてオオカミから羊を守っているのかを調べてきたら、ピレネー犬を使っている。ピレネー犬を子犬の時から羊の群れの中で育ててやると、ピレネー犬は大きくなっても自分を羊の仲間だと思っているんですよ。それで、オオカミが大嫌いだから、オオカミが来ると猛然と襲いかかるんですよ。

たけし　ピレネー犬のほうがオオカミよりも強いんですか。

丸山　ピレネー犬は体重五十キロ以上ありますからね。ですから、羊の群れの中にピレネー犬を二、三頭入れておけば十分です。自分の目で確かめたわけではないので、本当かなと思うんですが、スイスでは別の方法を使っているという。それは雄ロバで、ロバはオオカミと犬が大嫌いなんです（笑）。

たけし　ロバとオオカミって童話に出てきそうだね（笑）。

丸山　とにかくオオカミが近づいてくるとロバはそれを察知して、「フギュアー」と大声をあげて、威嚇《いかく》する。さらにオオカミが近づいてくると、突進して、前足や後ろ足で蹴《け》り上げるわ、嚙み付くわ、滅茶苦茶《めちゃくちゃ》に攻撃するそうです。スイスのジュラ山中では伝統的にそうやってきたという。

たけし　ちゃんとそういう知恵があるんですね。

丸山　ロバもピレネー犬も入手できないようでしたら、イノシシ避《よ》けの電気柵《さく》を使えばいい。高さ一メートル二十センチほどの高さなのですが、地面から二十センチから三十センチの位置に高圧の通電線を張ります。オオカミは飛び越すよりも、下をくぐろうとする。ですから、イノシシ避けの電柵がそのまま使えます。ヨーロッパはオオカミを保護していますし、アメリカは再導入によりオオカミを復活させています。日本だけが出来ないわけがないと思うんです。

たけし　なぜか日本だけが受け入れられないんですね。

丸山　どうしてなんでしょうか。やはり都市化社会だからでしょうか。日常的に自然に触れてないし、野生動物にも馴染《なじ》みがないから、生態系がよく理解できなくなっている。

たけし　もはや平和ボケならぬ都会ボケだね。そういう意味でも、やっぱりそこら中にオオカミを放たないとダメだろうな。もっとも、おいらがそう主張すると、オネエちゃんたちから「たけしは『送り狼《おおかみ》』だ」なんて言われてしまうかもしれないけど（笑）。

丸山　うーむ、「送り狼」という言葉も誤解なんですが（笑）。

（「新潮45」二〇一四年五月号掲載）

file.09

単細胞だってナメるなよ

粘菌の達人
中垣《なかがき》　俊之《としゆき》

1963年愛知県生まれ。北海道大学電子科学研究所教授。97年名古屋大学人間情報学研究科修了（学術博士）。理化学研究所特別研究員、北海道大学電子科学研究所准教授、公立はこだて未来大学システム情報科学部教授などを経て、現職。著書に『粘菌その驚くべき知性』など。

アメーバのような生き物、粘菌って知っている？　天才博物学者の南方熊楠《みなかたくまぐす》や昭和天皇も研究されていたという生物なんだけど、こんなに奥が深いとは思わなかったよ。

人間臭さのある粘菌

たけし　先生は粘菌の研究で「人々を笑わせ、そして考えさせてくれる研究」に与えられる「イグ・ノーベル賞」を二度も受賞されている（笑）。おいらは粘菌については、天才博物学者の南方熊楠が研究していたことは知っている。あとは昭和天皇も粘菌の分類を熱心に研究されていたという。ただ、その粘菌がどんなものだか、おいらには全く分からないんですよ。粘菌というのは細菌やプランクトンと同じような単細胞の生物なんですよね。何種類もあるんですか。

中垣 ええ。どこで採取するかによって粘菌の種類が違います。ただ、実験室で飼えるのは一種類だけ。モジホコリという名前で、昔はモジホコリカビと言っていたのですが、カビではないことが分かって、モジホコリになった。ホコリという呼び名は、生き物にとってはちょっと無体な名前なんですけども、粘菌の名前は「何々ホコリ」というんです。数百種類ぐらいいるといわれています。

たけし 先生が研究されているのは真性粘菌で、一般的には細胞性粘菌という種類の粘菌のほうが研究されているんですね。

中垣 ええ。細胞性粘菌のほうが遺伝子操作が確立されているので、分子遺伝学からもアプローチできる。真性粘菌はそれがちょっとうまくやれない。英語でトゥルー・スライム・モールド。こちらが本当の粘菌なんです。

たけし じゃあ、細胞性粘菌は仮性粘菌だ（笑）。

中垣 その言葉の対のつくり方ではそうです（笑）。

たけし しかし、どうして研究室で飼えるのは、真性粘菌の中ではモジホコリだけなんですか。

中垣 まず粘菌は何を食べて生きているのかよく分からない。それでたまさか少し飼えても、子どもを作って、その子どもが成熟して、また子どもを作るという生活環が出来ない。それが何とか人工的に出来るのが、モジホコリだけなんです。

たけし　粘菌というのは単細胞で、アメーバみたいなものらしいけれど、子どもを作るんですか。

中垣　キノコやカビと同じように胞子を出すんです。粘菌が巨大化した「変形体」はゆっくりと動き回って餌《えさ》を食べますが、あたりが乾燥してきたりして環境が悪くなると、胞子を作って眠った状態になるんです。それでまた環境が良くなると活動を始めます。その胞子がホコリみたいに見えるので、粘菌は何々ホコリと呼ばれるようになったのです。

たけし　これから後の話ではモジホコリだけに限って粘菌の話を進めますが、先生が研究室で飼っている粘菌は、黄色いマヨネーズを広げたようなゼリー状の生き物ですね。あれが巨大化した粘菌、つまり「変形体」なわけですね。

中垣　そうです。普段、粘菌はだいたい土の中にいます。ただ土の中にいるときは非常に小さくて、顕微鏡でしか見えません。土の中にいる時は、アメーバと変わらない。

たけし　それがあんなに大きくなっていくわけですか。

中垣　その粘菌アメーバの細胞内の核が分裂して大きくなっていきます。アメーバならば核が分裂すれば、細胞も分裂する。しかし、粘菌は核が二つになっても、細胞は一つのままなんです。ようするに核が分裂してどんどん巨大化したのが変形体ですが、細胞は一つのままなので単細胞だと言えるんです。ただ、核が分裂して増えるという意味では多細胞的でしょう。この変形体は別の変形体に出会うと合体して、さらに一つの大きな変形体になっていく。別々の変形体が融合しても、一つの細胞膜に覆《おお》われて、一つの細胞になってしまうんです。

たけし　変形体を切り刻んでも三十分ぐらいの間に再生して、それぞれが完全な変形体になるんですね。

中垣　面白いと思うのは、変形体を切り刻んでも、それぞれが独立して生きることが出来るし、それが一つになって巨大化して生きることも出来る。その場合は、ある種の社会性を獲得して一匹として生きているわけですね。しかし、状況によっては分裂することも決してやぶさかではないと。

たけし　優秀な会社員たちがいて、それぞれが独立して会社を作ることも可能だけど、とりあえず一つの会社で働いて、みんなで頑張っているような感じかな。

中垣　ですから、社会性アメーバと言われることもある。粘菌には、何か人間臭さを感じるんですよ。別々の変形体同士が融合する場合、遺伝情報が違うものが一緒になるわけです。だから上手《うま》くいく場合もあるし、上手くいかない場合もある。上手くいかない場合は共倒れをして死んでしまう。

たけし　会社の合併みたいなものだ。

中垣　そうですね。そして、融合すると片方から来た核が、片方の核を捨ててしまう。乗っ取りみたいなものです。会社が合併した時に、一方の重役だけが捨てられてしまうのと似ているかもしれない。あと、同じ重さ一の粘菌が百個体あるのと、それぞれが合体して重さ百の粘菌が一個体いるのとでは同じなわけです。粘菌にとっては過酷な乾燥した環境に置いておくと、小さな粘菌群は全滅します。しかし、大きな粘菌では乾燥したところから切り捨てていって、少ない水分を一ヵ所に集めることで一部分だけは生き残るとか、そういうこともやる。

たけし　中小企業は不景気に弱いけど、大会社だったら派遣社員をクビにして正社員が生き残るようなものだ（笑）。組織として生き残るために人間と同じような方法を取るわけですね。

中垣　何かそんな人間臭さがあるんですね。

迷路を解く

たけし　どこまで行っても単細胞なわけですが、視覚だとか聴覚だとか嗅覚《きゅうかく》とか、そういう感覚はあるんですか。

中垣　そういう意味でいうとほとんどの感覚がありますよ。例えば嗅覚というのは気体状の物質に対する感覚ですね。アルコールを吹きかけたり、バニラの香りとか嗅《か》がせたりするとちゃんと反応する。どちらも嫌いで逃げるんです。ニコチンも嫌いで、タバコの煙を吹きかけると死んでしまうこともあります。視覚もあって、光もちゃんと分かっています。

たけし　光も分かっているんですか。

中垣　ええ、特定の色に反応しますね。青は嫌いとか緑はそれほどでもないとか。

たけし　味覚もあるんですね。オーガニックが好きだと先生の本に書いてある。

中垣　そうですね。実験室で飼育する時は、オートミールを餌として与えています。どんなオートミールが好きなのか試してみたことがあって、変な添加物が入っているとやっぱりダメです。ただ好き嫌いは彼らの体調にもよるんですけれど。

たけし　そんな先生の粘菌の研究が注目されたのは、粘菌が迷路を解くという論文ですよね。世界的な科学雑誌『ネイチャー』に発表されて、イグ・ノーベル賞の対象になった。粘菌を細かく切り分けて、シャーレの中の迷路のあちこちに置いておく。すると、粘菌は迷路全体に広がっていく。そこで、迷路の入り口と出口に餌であるオートミールを置いておくと、粘菌は二つの餌をつなぐ、最短距離を結ぶ経路を作るという。粘菌はどうやって最短距離が分かるんですかね。

中垣　僕たちがやっている研究では、初めに迷路全体に粘菌が広がっている。いわば答えがその中のどこかにあるわけですね。どこのコースを行くのがいいのか、まず血管網みたいなネットワークができるのですが、その中に原形質という粘った液体が流れています。原形質の流れが活発なところは太くなっていき、流れが少ないところは細くなっていく。餌と餌とを最短距離でつなぐコースが一番流れが活発になるので、それが残ります。もっとも上手くいくには、粘菌の量や餌の量などの微妙な匙《さじ》加《か》減《げん》があるんですけど。

たけし　迷路を解くのに試行錯誤しているわけではないんですか。

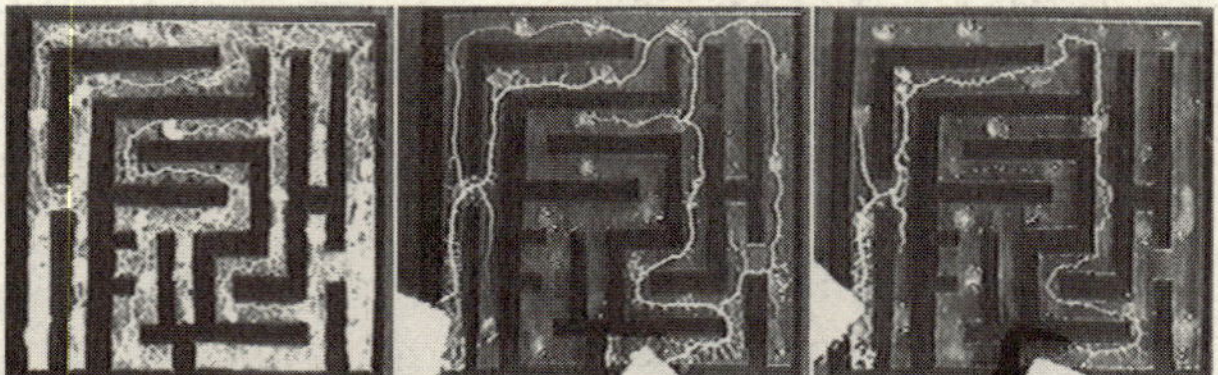

粘菌の迷路解き。迷路いっぱいに広がる粘菌に２つの餌場（写真△）を与えると、半日ほどで最短距離を探して２つの餌場をつなぐ。

中垣　僕たちの実験では、全体に広がっていて、要らないところを落としていくというやり方をしているわけですから、試行錯誤はありません。試行錯誤といえば、別の実験で似たようなことが起こります。キニーネという毒があるんですけども、それを粘菌の通路に置いておく。当然毒が濃いと粘菌が死んでしまうので、逃げるほどでもない微妙な濃度にしておきます。そうすると、粘菌によってはキニーネを乗り越えて行きますが、別の粘菌は戻ってきたりする。同じ環境でも、個体によって真逆の行動をするわけです。他にもいろいろな行動があって、一匹の中で一部は乗り越えていくんだけど、もう一部は引き返す。一匹の中で別々の行動を取っているんです。キニーネを見て茫然《ぼうぜん》としているような時もある。

たけし　ウジウジしているような感じですか。

中垣　そうですね。試行錯誤とは違うのかもしれませんが、何かそんな感じに似ている気もするんです。

たけし　それぞれの個体に個性があるということなんですか。いつも必ず乗り越える個体があるとか。

中垣　もしそうだったら本当にその個体が持っている個性ということになるんだと思いますが、この実験ではその時その時で違います。でも、あまり回数をこなしている実験ではないのでよくは分かりません。もっとちゃんと調べていけば、そういう個性も見つかるかもしれません。

「この手があったのか」

たけし　あと先生の実験で面白かったのは粘菌にも時間記憶があるということ。長いレーンの片端に粘菌を置いて、粘菌の好ましい環境、摂氏二十五度、湿度九十パーセントにしておくと粘菌は元気に反対側へ移動する。そこで一時的に摂氏二十度、湿度七十パーセントにすると、粘菌は立ち止まる。環境を元に戻すと動き出す。こうやって一時間に十分だけ温度を下げるという実験を三回繰り返すと、四回目には何もしないのに粘菌は立ち止まったという。パブロフの犬みたいですね。単細胞なのに、周期的な時間を記憶しているという。

中垣　そうなんですよ。

たけし　それを一時間おきじゃなくて、一時間、二時間、一時間とか、バラバラの時間にしてしまうとどうなるのか。

中垣　実は今同じことを考えています。これまで単純周期の実験なので粘菌は時間を

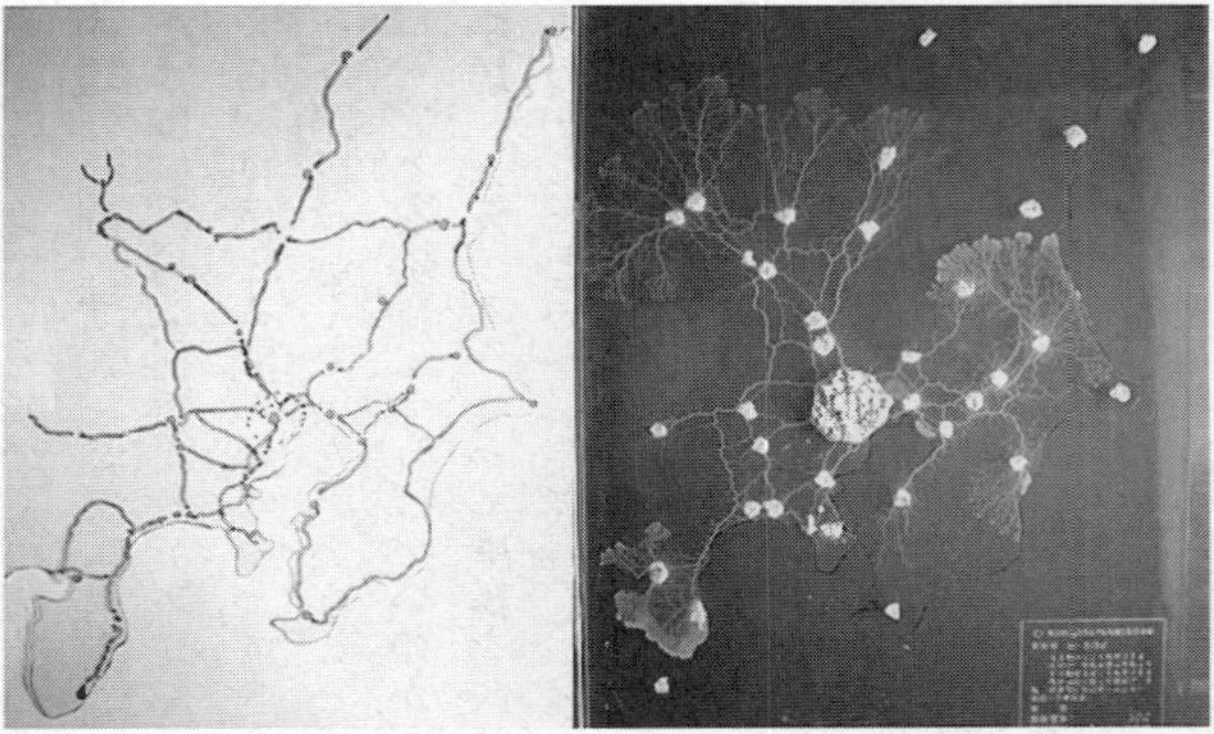

（左）主な JR 路線と街。（右）各街の場所に餌場を置き、東京駅の場所に粘菌を移植した。半日して広がった粘菌が餌場をつなぐネットワークを構築した。© 北大電子科学研究所髙木清二博士

記憶出来ました。しかし、それを複雑にして、例えば短い時間、長い時間、短い時間、長い時間としたときに、それに反応できるのか。複雑さを増していくと、どこまで対応できるのか。そんな時間記憶能力の試験が出来るのかなと思っているんです。これはあらゆる生き物で実験できるので、いろいろと比較してみることが出来る。

たけし　二度目のイグ・ノーベル賞受賞となった実験も秀逸ですよね。関東地方の地図を描いて、ＪＲの主な駅に当たるところに餌を置く。そして東京駅に当たるところに粘菌を移植しておくと、粘菌は餌を求めて広がっていく。その広がった網目状のルートが、実際のＪＲの路線

とても似ていた。でも、先生の予測ではそうならないと思っていた。

中垣　そうですね、ええ（笑）。

たけし　人間は利権などがあって、無理無駄なところに線路を通していると思っていたら、粘菌と人間が長年やってきた結果がほぼ同じだったという。ＪＲは意外にも最適な路線を選んでいたということになる。ＪＲ北海道だって、粘菌に路線を選ばせれば、どこを廃線にすればいいのかが分かる。

中垣　ええ。そうやって廃線を決めれば、誰も責められないからいいですね。粘菌が決めたんだという（笑）。

たけし　これはデパートに見立てても面白いね。粘菌の餌を売り場にたとえて、ここはエルメスの売り場、ここはルイ・ヴィトンの売り場……という感じで置いておく。バーゲンの時に、どうやって回ったら一番効率がいいのかが分かる（笑）。しかし、人間が頭で最適な路線を考えようとしたら、いろんな情報を分析して計算しないと答えは出ない。それを粘菌は一瞬にやってしまうのが興味深いですね。

中垣　そこに「この手があったのか」みたいなものが見つかる可能性がある。そういう期待感がすごくあるんです。

たけし　それを単細胞から教わるというのも面白い。

中垣　多分、生き物は何でもそうだと思いますが、何億年も生きて進化して、洗練されてきた部分がある。その凄《すご》さは、まだまだ分かっていないところがありますね。
たけし　お笑い的に「単細胞」の凄さを説明すると、長嶋《ながしま》さんも「単細胞」なんです(笑)。長嶋さんに「カーブの打ち方を教えてくれ」と聞いた選手がいた。普通のコーチだったら、ピッチャーの握りの癖を見ろとか教える。しかし、長嶋さんは「こう構えるだろ、球が来るだろう、それで打つ、これだよ」と説明したという。「曲がった、打った」で、一瞬で反応してしまうのが、単細胞の凄さなんですよ。それを解明しようとすると、ものすごく大変なことになってしまう。
中垣　今のは奥の深い話だと思いますね。私はそういう話が好きなんです。弓の名人なんかも「当てようと思ったらダメだ」と言う。そんなことはおかしいんですけれど。
たけし　歌詞じゃないけど、「勝つと思うな、思えば負けよ」ですね。多分、おいらたち凡人がやると、「勝つと思うな、思わなかったら負けた」って、そのまんまじゃないかって(笑)。
中垣　凡人はそもそも勝つと思っていない(笑)。

研究はアイディアで勝負

たけし　先生の研究を見ていると、アイディアが勝負になっている。どんな研究でもそうだと思うけれど、どんなアイディアを出せるかが、面白い結果を生む。そうすると、先生の研究は二次元の迷路になっているけれど、素人《しろうと》ながら三次元でも研究してみるのもいいんじゃないかなと思う。

中垣　実は三次元でも少しやったことがあるんですけども、三次元のコースを作るのがちょっと難しいんです。粘菌は湿ったところが好きなので、寒天みたいなもので迷路を作ります。しかし、水分が下のほうへ落ちてきてしまうんですね。そうすると、下のほうに集まってきてしまうんです。迷路のどこでも一定に広がっている状況を作れないんです。

たけし　飛び降りる粘菌というのはないんですか。例えば、高いところに粘菌がいて、下に餌がある。上から下に飛び降りたほうが近道だったりした場合は、どうするんだろう。

中垣　たけしさん、鋭いですね（笑）。自然環境の中で木の枝が出ていたりすると、その枝をうまく梯子《はしご》のように使って、どんどん上に上がっていくこともあるんですね。そうやって上に上がって、天井に這《は》い上がったとしましょう。そういう場合、だいたい同じ厚さで天井にへばりついているんですけど、ところどころに垂れができるんです。

たけし　要はマヨネーズみたいなものが天井から垂れてくるわけですね。

中垣　その垂れがたまさかダラダラと降りてきて、ちぎれて落ちるということを粘菌はやるんです。すごく賢いなと思って。そのことも今実験しようとしているところです。

たけし　これから実験するなら、書いてはまずいのかな。

中垣　いや、書いてもいいです。誰もそんな実験やる人はいませんから（笑）。下に餌があれば、そこから匂《にお》いが出ているわけで、その場合に粘菌が飛び降りるということになれば、飛び降りることに意義がある。そうした実験を積み重ねることによって、生き物の賢さの側面みたいなものを示せるというのが、この粘菌の面白いところです。

たけし　やっぱり粘菌のポイントは、どういう実験をするかの発想だね。ところで、先生はこうした研究結果から得た現象を、すべて数式に置き換えて説明されている。

中垣　なぜ最適な路線が出来るのか、なぜ時間記憶が出来るのか、そうした秩序が出来る理由を考えていくと、数学はすごく重宝するんです。そういうことだったのかというイメージをちゃんと持たせてくれるのが数学でした。

たけし　粘菌が迷路を解く動きも、数理的なモデルを作って説明しているわけですよね。

中垣　ええ。僕にとっては説明するのに数学が本当にありがたい。何か説明する時に、理屈で説明しないといけない。長嶋さんのように「ボールが来たら打てばいい」では一行で終わってしまう。それでは科学ではダメなんです。何か説明しようとすると、分析が始まるんですけども、そこで日常語の感覚で数学を使って説明するわけですよね。

カーナビに使える？

たけし　先生の研究の場合、何か社会に還元できそうな部分はあるんですか。

中垣　はなからそういうことは考えてないんですけども、それこそ経路探索ですかね。粘菌はより生物らしい経路探索をしてくるので、その方法をカーナビに使うことは出来るのではないかと思っています。それでカーナビの会社に売り込みに行きましたけども、採用されませんでした（笑）。

たけし　だいたいカーナビって、どんな性格の人か、どんなサイズの車に乗っているかが無視されていますよね。家に帰ってくる時にカーナビの指示通りに走っていたら、とてもおいらのバカでかい車では通れないような道に入り込んでしまって、住民から「バカ野郎」って怒られた（笑）。先生の場合は、粘菌の経路探索の数理的モデルを作って、それをカーナビに採用してもらおうとしたわけですよね。

中垣　今のカーナビのアルゴリズムと、粘菌のアルゴリズムでは全く違うので、それでカーナビに利用できないかと思ったわけです。しかし、私の研究は社会還元云々《うんぬん》というより、やっぱり粘菌は素朴に面白い生き物なので、この面白さを是非皆さんとも共有したいなと思っているんです。

たけし　粘菌に愛情が湧《わ》くこともあるんじゃないですか。

中垣　もはや同志という感じです。僕は彼らの地位向上に努めている（笑）。むしろ、彼らに使われているのではないかと思う時がありますね。粘菌の地位向上委員会委員長という立場です。

たけし　「単細胞だけど、粘菌をバカにするな」っていうわけですね。粘菌が自分たちを知ってもらいたくて先生を選んでいるのかもしれない。

中垣　うーん、粘菌に選ばれたとしたら本望かも（笑）。

たけし　そもそも先生はどうして粘菌に興味を持たれたんですか。

中垣　もともと生き物の賢い振る舞いとでもいうものに興味があったんですよ。子どもの頃から『ファーブル昆虫記』なんかを面白く読んでいました。なぜ、生き物がそうした振る舞いが出来るのか、ずっと素朴な疑問としてあったわけです。生き物も当然物質から出来ていますから、基本的には物理法則にかなった法則で動いているとは思うんです。ところが、生き物には物理法則からは飛躍した何かがあり、賢さや心がある。そこへ化学を使って切り込んでいったら面白いんじゃないかと考えていました。それにはどうしたらいいのか、なかなか糸口がつかめなかったのですが、大学生時代にベロウソフ・ジャボチンスキー反応という化学反応を知りました。ある種の赤色と青色の化学溶液を混ぜていると、赤と青が一分置きに変わっていく。混ぜないでいると、渦巻き模様が出来ていく。この反応が三十年ぐらい前によく研究されていたんですね。これは何か生き物と関係しているのではないかと思って、そこから研究に入っていきました。簡単な化学反応で模様というか、秩序が生まれる。その考えを実際の生物にも適用しようとした時に、粘菌という生き物に出会った。熊楠さんも「痰《たん》のようなものだ」と言っているように、粘菌はほとんど生きているとは思えない。

たけし　痰のようなものとはひどい（笑）。

中垣　粘菌は極めて物っぽい姿形なんですけども、飼ってみるとそれなりに必死で生きている生活が彼らにもある。例えば、好きなものがあったらそっちへ行く。嫌いなものがあったら逃げてくる。なぜそれが出来るのかというと、そのマヨネーズみたいなものの中でも、こっちが頭でこっちが後ろになるという役割分担を作り出している。そう考えると、それが一つの秩序なわけです。化学反応でも濃度が高いところと低いところが生まれて、自然に秩序ができる。同じ考え方で生き物の謎《なぞ》が解けるんじゃないかと思ったんです。

たけし　先生は、一度は大学院を出て製薬会社に勤めたのに、そこをやめて研究生活に戻った。よほど粘菌が好きなんですね。これからも粘菌ひと筋ですか。

中垣　いえいえ、私は粘菌だけをやっているわけじゃないんですよ。粘菌は研究の半分です。そもそもなぜ神経が出来て、神経は一体何をしているのかという観点で、神経系ができる前後の生き物を調べていたりしています。神経系というのは情報処理をするのですけれども、神経ができる前も生物は情報処理をしていたわけですから、そのシステムがどう神経系につながっていくのかということを研究している。

たけし　確かに粘菌が広がっていく形は神経に似ている。神経系を調べていくのに粘菌は適しているんですね。

中垣　ええ、粘菌は一番いい覗《のぞ》き窓になっている。粘菌からその背後にある生命の摂理を覗き見ている感じです。

たけし　粘菌って、生物の原始的な形ですからね。

中垣　その上に我々がいるわけですから。何かこう我々の中にも粘菌的なものが残っていると思っています。

たけし　生物の賢さや心がどこから来ているのかという面では、少し謎が解けた部分があるんですか。

中垣　こういう下等な生き物の運動はすごくよく調べられているんです。ただし、餌があればそっちに行く、敵が来れば逃げるとか、すごく単純な状況についての研究が多い。それは生き物の情報処理としては当たり前のことです。もう少しどうしていいか分からない状況に押し込んでこそ、生き物は初めて力を出せる。例えば、天井からバナナをぶら下げた部屋に、猿を入れる。その時に、協力するかもしれないし道具を使うかもしれない。餌を食べたいという採餌《さいじ》欲求があって、だけど簡単にはその欲望を満たせない状況において初めて知的なパフォーマンスが出てきます。私の場合、そうした実験を下等な生き物を選んでやってきた。そこで、どんなアルゴリズムというか、物としての運動が現われてくるかを明らかにしてきた……そのぐらいの感じですね。

たけし　どうしていいか分からない状況というのは、お笑いでもよく使う。数学者が三人いて、部屋の電球をどうやって取りかえるか。一人が椅子《いす》を持ってきて、もう一人が電球を持って椅子の上に乗って、もう一人が椅子を回す（笑）。お笑いは、ギリギリのところで常識を崩すんですよ。

中垣　発想の仕方は科学的な発想と似ていると思います。

たけし　ところで、ノーベル賞のパロディといわれているイグ・ノーベル賞を貰《もら》うと嬉《うれ》しいものですか。バカにされたような感じはしませんでしたか。

中垣　最初はちょっと躊躇《ちゅうちょ》しました。自分の研究がイロモノ的に見られるのではないかと警戒したんです。それで、どんなセレモニーかネットで調べたら、皆かなり楽しんでやっている感じがした。だったら行ってみようと思って、行ってみたら、主催者側が非常に愉快な人たちだったんです。

自腹で出かけるイグ・ノーベル賞

たけし　先生の場合は「認知科学賞」分野で貰っている。そういうセクション分けもあるんですね。
中垣　あれほとんど洒落《しゃれ》ですよ。イグ・ノーベル賞はどんな偉い先生でも変だったら笑いましょうとか、バカにしましょうとかが普通にできる雰囲気です。何かよく分からないけれど、ただありがたがるのは止《や》めましょうと。
たけし　イグ・ノーベル賞の受賞が実際のノーベル賞を超える大発見になったりして、いずれ大逆転があるかもしれない。文化とか芸術とかそういうものでしょう。ゴッホだって生前は評価されなかった。それが死後に「素晴らしい絵だ」と評価がひっくり返ったわけだからね。ところで、イグ・ノーベル賞を取ると、賞金か何かは出るんですか。
中垣　賞金はゼロ。しかも授賞式に行くのは自腹です。
たけし　賞金は出ないけれど、トロフィーはあるんですか。
中垣　イグ・ノーベル賞の楯《たて》は、ホームセンターで買ってきた板とプラスチックで手作りになっています。すごくちゃちですよ。アメリカから日本に持って帰ってくる間に壊れました（笑）。でも、それがまたいいんです。

たけし そういうのは洒落が利《き》いていていいですよね。イタリアのベネチアでアマチュアがおいらに映画の賞をくれたのだけど、それもペットボトルと映画のフィルムで作られている。でも、上手に作ってあってオブジェとしてはすごくいい。

中垣 そういうのは嬉しいですよね。

たけし 先生はイグ・ノーベル賞を二回もらっているわけですが、二回も貰うのは珍しいんじゃないですか。

中垣 過去に一人いるみたいです。

たけし 二回も自腹で出かけて行ったんですか。

中垣 バカですよね（笑）。しかも、そのために授業を休まなければならないので、その前後に補講しなければならない。すごく苦労するんです。それで向こうに行ったら、「芸」をしろと言われる。

たけし 芸って、何をするんですか。

中垣 いや、スピーチするだけですが、一分間でどういうことをやって賞を取ったか説明しろと要求される。その時に必ず笑いを取らないといけない。賞の精神をくみ取って笑いを取るようにと、主催者から言われるんです。

たけし　イグ・ノーベル賞を取った結果、スケジュール調整や旅費の捻出《ねんしゅつ》が大変だったというだけで笑いを取れるんじゃないか。二度も取っているのだから、こうなったら三度取ってギネス・ブックに載るとか（笑）。

中垣　五度取ると、本物と代えてくれるとか（笑）。爆笑問題さんから爆ノーベル賞というのもいただいているんですよ。だから、イロモノ系をこれまでに三つ取ったことになる。

たけし　本当のノーベル賞を取る可能性はどうですか。

中垣　いや、僕に聞かれても……。医学・生理学賞はかなりコンサバだし、物理学賞でもないかな。化学賞が一番柔らかいけれど、ちょっとなじまない気もしますね。私はたぶんノーベル賞を取るような人とは違う人生を歩んでいると思いますよ。

たけし　そういう反骨精神が素晴らしいですね。おいらがやっている東スポ映画大賞もそういう精神ですから、東スポ科学賞も創設して最初の受賞者になっていただきたいですね（笑）。

（「新潮45」二〇一四年四月号掲載）

file.10

カラス研究者の奇妙な日常

カラスの達人

松原《まつばら》 始《はじめ》

1969年奈良県生まれ。東京大学総合研究博物館助教。京都大学理学部卒業。同大学院理学研究科博士課程修了。理学博士。専門は動物行動学。著書に『カラスの教科書』(雷鳥社)。世界的な数学者・岡潔は祖父。

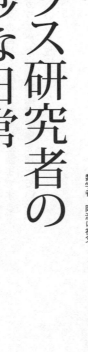

カラスを追跡して車に轢《ひ》かれかけ、時にはカラスの監視を避けるために変装までする。研究者がカラスにかける情熱は想像を超えていて、さすがのおいらも脱帽だった。

カラスが問題になり出したのはバブルの頃

たけし　先生はカラスの研究家ですが、カラスは嫌われ者で、かわいそうだと思うんです。浅草の観音様で、ハトが飛んで来て何しようが、婆《ばあ》さん連中は喜んでいる。でも、カラスが近寄ってきたら、気味悪がって大慌《おおあわ》て。子どもの頃、おいらんちは西新井大師《にしあらいだいし》のほうで、あの辺はまだ自然が残っていたから、カラスはよくいた。でも、今ほどには嫌われていませんでしたよ。カラスが嫌われるようになったのは、街中に出てきたからじゃないのかな。

松原　一九七〇年代ぐらいまでカラスって問題になってないんです。七五、六年からカラスが増えて困るという話が出てきて、一番騒がれていたのは九〇年代です。バブルの後ですね。

たけし みんなが寄ってたかってカラス撃退法を考えた。カラス避《よ》けの効果があるという目玉模様のグッズを外にぶら下げたり、いろんなことをやった時代でしょう。

松原 そうです。六七年に都内のゴミを捨てていた夢の島の埋め立てが終了したために、カラスの餌場《えさば》がなくなったんです。徐々に街の中に餌を探しに来ていたのでしょうが、八〇年代半ばから日本の景気が良くなって、バブルの時代にはあちこちでパーティーや宴会が開かれて、生ゴミが捨てられていた。あれでワーッと、カラスが街中に来て増えたんじゃないですかね。

たけし あの当時、浅草なんかに行くと、ホームレスとカラスの縄張りが同じでした(笑)。浅草の洋食屋の裏のゴミ捨て場には食べ残したステーキが捨ててあったりするから、カラスとホームレスが奪い合いしている。

松原 その場合、ホームレスの立場が上なんです。ゴミ捨て用のポリバケツは蓋《ふた》をしてあると、カラスには開けられない。ホームレスのおっちゃんが、ポリバケツの蓋を開けてくれるのを、カラスと猫が後ろで待っている(笑)。

たけし ライオンの後ろにいるハイエナみたいなものだ。

松原　そうです。ホームレスのおっちゃんがライオン役で、後ろにいるカラスと猫が、ハイエナやジャッカルに当たる。

たけし　文化的にみると、カラス自体が小説などでは悪のイメージで書かれることが多いような気がする。昔から、カラスって魔物や悪い兆《きざ》しのように思われてきているんですか。

松原　キリスト教の世界だとカラスは悪者ですからね。

たけし　鳴き声も不気味で、色も黒いからかな。

松原　色も黒いし、動物の死骸《しがい》を食べることも理由としてはあるでしょう。あと、聖書でもよく書かれていません。カラスはノアの方舟《はこぶね》に乗っていて、洪水後にノアから「陸地を探してこい」と放たれるのだけど、戻ってこなかったと言われている。その後、ハトを飛ばすと、ちゃんとオリーブをくわえて戻ってくる。これには元ネタがあって、聖書とそっくりな洪水伝説がメソポタミアにあるんです。それだと、カラスは方舟から放たれた後、賢いからちゃんと陸地の証拠を持って帰ってくる。キリスト教がその話を取り込んだときに、カラスをハトにしてしまった。キリスト教では、白いハトは神の使いなんです。だから、カラスではなくてハトが活躍する話に書き換えた、と言われています。

たけし　平和の祭典というと、ハトのイメージだものね。でも、サッカーの日本代表のマークは八咫烏《やたがらす》（神武天皇に道案内したカラス）だし、日本では神様扱いもされている。

松原　カラスが神様の使いだという伝承も多いんです。アメリカインディアンとか、キリスト教以前のヨーロッパ、ケルトとかスカンジナビア、北欧とかの伝説でも、オオカミとカラスは神様扱いです。もともと太陽の使いとして扱われたようです。そういう扱いだったのが、カラスは畑を荒らす農業害鳥なので、畑を耕す地域では嫌われてしまった。

たけし　基本的にはハトとカラスって、おいらから見れば色の違いみたいなことしか分からないんですけど。

松原　ハトとカラスはめっちゃ違いますよ（笑）。広くいうとカラスはスズメの仲間です。でも、スズメ目は、鳥類の半分以上います。六割ぐらいスズメの仲間なんです。それで、ハトはハト目。ですから、生物的には目から違うんです。

たけし　おいらは色の違いの差としか思わなかった（笑）。

松原　カラスの仲間（スズメ目カラス科カラス属）って世界に四十種ほどいます。それで日本で繁殖してるのは二種類で、ハシブトガラスとハシボソガラスです。ハシとはくちばしのことで、東京でよく見かけるハシブトガラスは、もともと森林性の鳥なんです。森の中にいて、ふだんは果物を食べたりしてて、動物なんかが死んでると「アー」と鳴いて飛んで来る。そこで肉を引きちぎって食べ始める。くちばしがばかでかいのは肉を引きちぎるためです。

カラスはマヨラーだった!?

たけし　カラスって雑食で何でも食べるんですよね。

松原　ええ、特に肉と油もんが好きです。だからジャンクフードには目がない。特にフライドポテトは大好物。

たけし　ファーストフード店の裏あたりに来そうだよね。

松原　来ますね。あと、マヨネーズも大好き。信じられないでしょうけれども、捨ててあるマヨネーズのチューブを拾ってきて、チューブをつついて、くちばしを突っ込んで舐《な》めています。もうちょっと賢いやつはキャップをつついたら開けられることを知っていて、キャップを開けて舐める。あとサンマの蒲焼《かばやき》缶詰のタレも好き。空き缶くわえて何してるんだろうと思ったら、タレを舐めていました。

たけし　一方、ハシボソガラスはキュウリは食べたりして、カラスにもそれなりの好き嫌いはあるんですか。

松原　好き嫌いはあるんですけど、基本的に野菜は大嫌い。

たけし　ニンジンが嫌いとか（笑）。人間の子どもみたいだ。

松原　カラスの好みは「ガキ」と同じです。甘いものが好きだから、果物は大好き。野菜もトマトは好きですね。

たけし　カラスの親が、子どもに「ジャンクフードばっかり食ってないで少しは飛びなさい」と叱《しか》ったり、「子どもがちょっと荒れるようになったけれど、食べ物のせいじゃないか」とこぼしているかもしれない（笑）。

松原　基本的に動物なんで、栄養が摂《と》れない環境にいるのが当たり前で生きてきています。砂糖やマヨネーズといった糖分や油はカロリーが高いから、そんなありがたい餌をカラスは絶対に見逃さない。そんなものがあったらあるだけ食べるという生き方をカラスはしているんです。

たけし　どこを餌場にするか、縄張りはあるんですか。

松原　若いやつらと結婚しているペアとでは全然違うんです。若いやつらはその辺でふらふら遊んでます。一日中群れて遊び歩いているので、今日はこの辺で餌を食べて、明日は上野のほうへ行ってみて、というような生活を送っている。人間でも若いのがつるんで、あっちこっち盛り場を遊び歩いていたりするじゃないですか。あれと同じだと思ってください。

たけし　なるほど、たけし軍団の若い頃みたいだね。

松原　つるんでいる中には雄も雌もいますが、その中でカップルが出来てしまう。カラスは他の多くの鳥と同じく一夫一妻の配偶システムで、カップルになると、次は縄張りを確保しないといけない。しかし、カラスの世界もすごい住宅難で、住めそうなところはだいたい他の大人が住んでしまっているので、うまいこと空きを見つけないといけないんです。

たけし　都会でもカップルが住めるところはあるんですか。

松原　そこら中にありますよ、思わぬところに住んでます。木が一本あったら巣は作れる。例えば、東京駅の丸の内口、あそこにカラスの夫婦が一組住んでますから（笑）。

たけし　ずいぶんとたくましいね。

松原　そこから有楽町のほうへ歩いてくると、東京国際フォーラムの前にもう一組います。反対側に行くと八重洲《やえす》口。八重洲通りをはさんで右と左に一組ずつ（笑）。

たけし ちゃんと住処《すみか》を見つけてしまうんだ。よくぞこんなところにというところに住んでいるんですね。

松原 でも、ちゃんと餌はあるんです。渋谷の交差点のど真ん前に木が一本あって、そこにも住んでいる。あそこの辺の飲食店のゴミを全部ひとり占めですから。要するに縄張りというのは「この中にある餌は全部俺たち夫婦のもんだから」ということで、子育てするのに、そこのエリアは絶対に必要なんだという意味です。他のカラスは入れてもらえません。

たけし 縄張りに他のカラスが入ってきたら、追い出さないといけないとなると、縄張りの広さを維持するためには、カラスはすごく強くないといけないんじゃないですか。

松原 でも、東京では他のカラスにも、まあまあ攻め込まれているので、縄張りは狭いんです。街の中だとカラスは十ヘクタール、つまり三百メートル四方あれば生きられます。

たけし 雌雄で巣作りして、何羽ぐらい巣立つんですか。

松原 一回で卵四、五個を産みますが、巣から出てくる子どもは二羽ぐらい。他は大体途中で死んでしまいます。次の年もまた同じことをやるんで、だいたい毎年二羽ずつぐらい巣立っていく勘定になりますね。

たけし　ペアは死ぬまで、縄張りで巣を作って繁殖し続けるわけですね。その縄張りは、他のペアに攻め込まれて追い出されるようなことはないんですか。

松原　よほど弱くない限り、めったにないですね。新参者の若いのにやられるようなペアはいないんです（笑）。

たけし　よく街中の路地裏でゴミ漁《あさ》りしているカラスは、その縄張りを支配しているカラスってことですか。

松原　ペアでいることもありますし、繁華街とかだと、若いひとり者の群れがどちゃっと来ていることもあります。集団が集まっている場所には、普通、縄張りはない。落ち着いて子育てできるような環境ではないからです。

車に轢かれかけてもカラスを追跡

たけし　先生は街中で、そうやってカラスを観察しているけど、双眼鏡で見ながら追っかけるわけでしょう。一度見失ってしまうと、さっき見失ったカラスがどのカラスなのか分かるものなんですか。

松原 それが難しいから、鳥を観察する場合、普通は足輪をつけるんです。足輪を見て、判別できるようにする。そのためにはカラスを捕獲しないといけないので、まずカラスの捕まえ方から勉強しようと思った。ところが、いろいろ調べても、カラスを狙《ねら》って捕まえた人ってなかなかいないんですよ。その頃、一人だけ大阪にいました。話を聞いたら、一羽捕まえるのに二週間かかったという。

たけし カラスは頭がいいから捕まえにくいんですか。

松原 頭がいいというか、警戒されてしまうんです。まず餌《え》づけして、次に網を置いてあっても餌を食べに来るように馴《な》らして、そこまでやったら夜明け前からテント張ってその中に潜んで、網の仕掛けのロープを持って待っている。カラスが食べに来たところで、ロープを引っ張れば網がバタンとカラスの上に落ちて捕獲できるというわけです。

たけし それは大変だよ（笑）。

松原 一週間かかって、それでも雌しかとれないと言ってました。雌は食い意地張ってるから騙《だま》せるけれど、用心深い雄は来ないそうです。僕はできたら二十羽ぐらい欲しかった。また、その餌づけ作戦は、大阪の田んぼの中で地主の許可をもらってやったらしいんです。その頃、僕は京都の街中で調査していたので、それは絶対無理だと悟りました。

たけし　先生は結局、どうやって捕まえたんですか。

松原　結局捕まえるのは諦《あきら》めました。カラスから目を離したら分からなくなるので、目を離さないことにした（笑）。縄張りにはペアの二羽しかいない。だから、一羽が巣から出て飛んで行ったら、それを見ながら走って追いかけていく。

たけし　それは危なくないですか。

松原　二回ぐらい車に轢かれかけました（笑）。あと、相手は川を越えて飛んで行くので、橋まで行ったら間に合わないと思って、川の中をそのまま渡ったことが一回ありました。

たけし　先生が事故で死んでも、新聞では「不審者轢かれる」と書いてあるだけ。目撃談で「あの人、何か上向いて走っていました」って（笑）。

松原　友人の話で「いつも様子がおかしかった」と（笑）。

たけし　「なぜか『カア』と叫んでいました」って。

松原　その辺のアパートの非常階段上ったりとか、住人みたいな顔して屋上の物干し場に上がって見てたりとか、結構無茶なこともやりましたね。

たけし　先生はカラスを観察するためには、繁華街のゴミ捨て場にも行くわけでしょう。

松原　ええ。カラスのゴミ漁りも観察します。ゴミが出されてから回収されるまでの時間ですから、観察時間はそう長くありません。まあ二時間ぐらいなもんですか。

たけし　先生の仕事も大変だ。繁華街のゴミ捨て場にじっといたら、勘違いされるんじゃないかな（笑）。

松原　さすがに歌舞伎町《かぶきちょう》でノート持って、双眼鏡を構えているのは度胸がいりましたね。

たけし　それは相当やばい（笑）。

松原　それなのに僕のところに、客引きに来たキャバクラのおっちゃんがいたのには驚いた。何で客引きが来るのか。ひょっとして、変な趣味の男だと思ったのかもしれない（笑）。

たけし　カラスは、車が通る道や電車の線路の上にクルミを置いて、クルミを割ったりすると言われる。だから、頭がいいんだなんてことが言われるのだけど、先生はそういうことをしているカラスも見たことがありますか。

松原　やってるのを見たことはあります。車が通りそうなところにクルミを置いて逃げて、クルミが轢かれるまで待っている。クルミが置いた位置が悪くて空振りすると、もうちょっと向こうかなと、次の車が来る前にクルミを置き直す(笑)。

カラスの雌から怒られた

たけし　それだけの知能があるとすると、カラスの親は「クルミはこうやって車に轢かせるんだよ」とか、どうやったら餌が取れるのかを子どもに教育するもんなんですか。

松原　教育するというより、親の背中を見て子どもが勝手に覚えるんです。巣立ちした後も、子どもは親に餌をねだります。親も最初のうちは餌をあげるのですが、だんだん面倒になってきて、「勝手にしろ」という態度になる。それでも子どもは「餌が欲しい、欲しい」と鳴いて来るんです。

たけし　そうやって、親につきまとっているうちに、どうやって餌を取っているかを学んでいくわけですか。

松原　そうです。親が何かつついてミミズとか食べてたりすると、子どもがじーっと見てて、落ち葉をつついたりするようになる。最初は親がやることを見て真似《まね》ているだけ。母親が何か拾っているのは分かるので、何でもいいから拾ってみる。それでおいしくないと、ペッて吐き捨てる。小石を拾って捨て、枝を拾って捨て、試行錯誤をしているうちに、たまたま本当に食べられるものも拾う。そうやって、餌の取り方を覚えていくんでしょうね。他の鳥と比べて、カラスは親元を離れるのにすごく時間がかかるんです。たいていの鳥は巣立ちしてから、一週間か十日もしたら、もう勝手に独立してしまう。カラスだと最短でも二、三カ月、下手すると半年ぐらい親と一緒にいます。その間に親の真似をして、あれこれ覚えないと一人前になれないみたいですね。

たけし　すると、その間、親は巣の中でずうっと子どもと一緒にいるわけですか。

松原　いえ、鳥の巣というのは、卵を入れとくのに必要なだけです。家というより、ベビーベッドなんです。だから繁殖する時だけ使って、子どもが巣から出たらもうおしまいです。一年の使い捨てで、毎年変えます。

たけし　子育てしていない時はどこで寝ているんですか。

松原　枝にとまって寝ています。

たけし　別のペアが巣の跡を使う場合はあるんですか。

松原　ほぼないです。なぜならばカラスのペアは縄張りの中からは出ていかないから。自分の縄張りの中で、去年はあそこに巣を作ったから、今年はここにしようと、三つぐらい巣を作る場所を持っている。そこを順繰りで使います。

たけし　さっきおっしゃった三百メートル四方の中で順繰りに巣を移すんだ。縄張りからは絶対に出ていかないんですか。

松原　もちろん冬になると、みんなと一緒にねぐらに帰ることもあるし、いい餌場を見つければ、遠出してまた帰ってくることもあります。しかし、基本的にはカラスのペアは自分のテリトリーの何百メートル四方の中から出ていきません。

たけし　カラスのペアって非常に仲が良くて、一枚のビスケットを譲りあうシーンも観察されたという。

松原　雄雌はものすごく仲がいいですよ。多分、一生一緒にいるからというのも理由にあるんでしょうけど、雄のほうとしても自分がどれぐらい餌を持って来られるのかを雌に見せなければいけないんです。要するに、人でいえば、自分の収入を見せびらかしている。

たけし　一度、先生はカラスの雄の声色を真似したら、雌から怒られたことがあるらしいですね（笑）。

松原　ある時、カラスを観察していたら、雌が雛《ひな》に餌をやった後、毎回僕のいるビルの屋上まで来て、観察している僕を威嚇《いかく》してくるんです。ちょっとなだめられないかなと思って、その時は意味が分からなかったのですが、雄と雌が「カカー」とか鳴いて仲良くしているので、それを真似してみた。「カカカカカ」と言ったら、とたんに羽を広げて僕に餌をねだり始めました。「あれ？」と思って、もう一回やったらまた餌をねだる。「ひょっとしたら？」と思って、三回目をやったら、雌のカラスがめちゃくちゃ怒り出しました。

たけし　おかしいことに気づいたんだ。

松原　いつもの三倍ぐらい僕を威嚇して帰っていきました。

たけし　最初は先生を旦那《だんな》だと思ったのかな。

松原　旦那だと思ったというより、「カカカカカ」というのは、雄が来て餌を置いていく時の声なんです。だからそれを聞くと反射的に雌は餌をねだるんですね。反射的にねだってしまった後で「いや違う。こいつは絶対に違う」というのに気づいたんでしょう（笑）。

たけし　そんなに仲が良くても、万が一、雌が死んで、雄がひとりになると、後添えをもらうこともあるんですか。

松原　あります。雄一羽だったら縄張りを守り切れますし、そこに後添えが来ることもあります。

たけし　でも、カラスって死体を見せないという説がありますよね。ＵＦＯに詳しいテレビディレクターの矢追純一さんは、カラスの死体を見ることがないのは「カラスは宇宙人だから」なんて訳の分からないことを言い出してる（笑）。

松原　矢追さんは「カラスは波動になって消える」と言っていますが、私は自然死したカラスを見たことがあるし、見たどころか、バラして食べました（笑）。

たけし　ちなみに雄が死んで、雌が残ってしまうと、どうなるんですか。

松原　雌一羽では縄張りを守り切れませんから、そういう場合は雌は縄張りを捨てて一回群れに戻るか、あるいはどこかの押しかけ女房になってしまうか、あるいは若い雄を見つけたら、そいつを引っ張りこんで、縄張りを守らせるかですね。

変装して巣の中を撮影

たけし　カラスは結構長生きだそうだから、長い間夫婦で縄張りを守っている感じですか。

松原　この間、野生で二十年生きてるハシブトガラスが見つかりました。飼育されているやつだと四十年とか六十年とかの例もあります。カラスは三歳ぐらいから繁殖できるはずなので、十年二十年は連れ添ってることになります。

たけし　渋谷の交差点で二十年連れ添っているカラスがいる、そう想像するとすごいですね。先生はカラスのペアを観察しているけど、カラスも先生を見ているのかな。

松原　見てますね。めっちゃ認識してます。

たけし　初めて来たら警戒するけど、そのうち慣れて「また来ているけど、何も危害を加えないから、まっいいか」って。

松原　そうです。最初にカラスを観察したときは、目を離さずに追っかけてやろうと思った。巣まで辿《たど》りついたんですけど、子育ての真っ最中。雄が餌をくわえているんですけど、雛のところに行かずに僕のほうを向いて怒ってばかりいる。雛に餌をやらないので、このままでは雛が死ぬなと思って、子育てが終わるまで観察するのはやめたんです。それで、子育てが六月ぐらいに終わって、次の繁殖期が始まるのが二月ぐらいですから、その間は八カ月ぐらいある。その期間、通っていたら、顔なじみになったみたいで、翌年は子育ての最中でも大丈夫でした。

たけし　顔を覚えてるということですね。

松原　パターン認識なんですけど、人間の顔を覚えている。

たけし　昔、おいらが漫才をやっていた時、いつも来ているファンがいた。初めは気になったんだけど、来なくなると心配になったりする。カラスも案外そうかも（笑）。

松原　八カ月ぐらいストーカーやって、馴れたカラスはよかったんですが、翌年、その隣に巣作りしたカラスはそこまで馴れていなかった。だから、僕が座って三脚を構えて観察していると、一時間に一回、隣の雄がやって来て、こっちを見て「悪いことしてねえよな。よし」と戻るんです。

たけし　そのうち、先生の自宅がカラスに見つかって、観察されるようになる。「今日はどこにも出ていないな」って（笑）。

松原　僕を監視していたカラスも二年目からは大丈夫でした。

たけし　そうするとカラスが覚えるのは、先生の顔であって、服や何かはあまり関係ないんですか。

松原　いや、カラスも最初は服を覚えます。そのほうが覚えやすいんでしょうね。それで最後は顔を覚えます。以前、十一メートルぐらいあるポールの先にビデオカメラをつけて、なるべく低い位置にあるカラスの巣を探して、撮影しようとしたことがあります。しかし、カラスは巣の中を見られるのを嫌がりますから、「これで俺の顔を覚えられたらまずい。覚えられたら、次の観察ができない」と思いまして、変装しました（笑）。野球帽をかぶってサングラスかけて覆面までして。

たけし　それでカメラを持っていたら覗《のぞ》き魔だよ（笑）。よく警官から不審者だと思われて尋問されなかったですね。

松原　しかも普段は絶対着ない真っ赤なトレーナーを着ていました。幸い、田んぼの真ん中だったので、警察は来ませんでしたが、来たら言い逃れできなかったですね。

たけし　捕まったら、「何やっているんだ」「すいません、カラスを撮っていました」「ふざけたこと言ってんな」って（笑）。

松原　証拠になるビデオに映ってる映像は、カラスの雛だけなんですけど（笑）。その後、三日ぐらいして同じ扮装《ふんそう》でそこ通ったら、ものすごくカラスに怒られました。

たけし　カラスが服装を覚えていたんだ。巣の中を覗くやつは許せないわけですね。

松原　めちゃくちゃ怒ります。最近カラスに襲われたというケースで意外と多いのは高層マンションなんです。なぜならば、マンションから巣を見下ろしてしまう。カラスは下から見られるのはまだ許すんですけど、上から覗かれるのはすごく嫌がります。襲われる危険性を感じるんですね。

たけし　タカのように、上から襲ってくる猛禽類《もうきんるい》みたいな感じがするんじゃないかな。

松原　そうです。フクロウやタカは大嫌いですね。そもそも鳥って、地べたを歩いている動物に襲われても飛んでしまえばいいので、あまり怖くないんですよ。でも頭の上を押さえられるのはすごく嫌がる。上から攻撃されたら、飛んでも逃げられない。だから、歩道橋の脇《わき》に並木があって、そこにカラスの巣があったりすると、歩道橋を歩いている人間から覗かれると思って、人間に対してものすごく怒ります。そのことに気づいていない人間が、カラスに襲われるケースもあるんです。

森の中でカラスを探す

たけし　ところで、先生がカラスに興味を持ったのは、子どもの頃、カラスに向かって鳴き声を真似たら、鳴き返してくれたのがきっかけらしいですね。

松原　はい。僕は生まれが奈良なんですけど、奈良公園にカラスのねぐらがあるんです。夕方になると、カラスが「カア、カア」と鳴きながら、そっちに帰っていく。こっちから呼びかけたら、一羽ぐらいは返事をしてくれないかなと思って、「カア」と鳴いてみたら、鳴き返してきたやつがいたんですよ。

たけし　幾つぐらいの時ですか。

松原　三つか、四つか。何歳だったかは覚えていないです。それに、カラスは普段から「カアカア」と言ってるんだから、本当に返事したかどうかわかんないんですけど（笑）。

たけし それからはカラス一筋ですか。

松原 いえいえ、違います。その経験で、カラスはただの大きな鳥から面白い鳥に格上げはしましたけど、とりたててカラスに興味を持っていたわけではありません。その後は、普通にバードウオッチャーをしていました。

たけし もともと鳥が好きなんですね。

松原 というか、動物全般が好きなんです。だから、その後十何年間はカラスはどうでもよかった。動物学をやりたいと思って、京大の理学部に行って、何か生き物を真《ま》面目《じめ》に観察してみようと思って、はたとカラスを思い出して、研究することにしてみたら面白かったんです。

たけし 今は博物館でカラスの研究をしているんですか。

松原 いえ、博物館の中で展示公開に関する仕事をしたり、展示品に関する目録を作ったりしています。うちはスタッフが少ないうえに、内部で展示のデザインを組んで、設営まで全《すべ》てやるんです。設営の現場で「ライティング、これでいいですか」と言いながら照明の調整をしたりしています。

たけし　カラスの研究をやっている時間はあるんですか。
松原　だから、だいたい休日を使ってやっていますね。
たけし　研究費はどうしているんですか。
松原　自腹のことが多いんです。共同研究者がうまく研究費を当ててくれたこともありますが。
たけし　自腹で研究するとは、本当にカラスが好きなんですね。先生の研究は、今後はどっちの方向へ行くんですか。
松原　街中のカラスをある程度見てしまったんで、今は森の中のカラスを見たいんです。もともとハシブトガラスは森に住んでいたのが、餌があるから町に出てきた。「カラスが町で暮らしている」というと、みんな「そうだね」と言う。「山の中でハシブトガラスを見たことある？」と聞くと、「知らない」と答える。だったら、自分で調べてみようと思ったんです。調べてみると、結構森の中にいる。ただ、一キロ四方に一ペアとか、二キロ四方に一ペアぐらいしかいない。一キロ四方というと、すごい広さです。
たけし　では、森の中でずうっと空を見上げて、カラスが飛んでいないか観察しているんですか。

松原 見上げていてもカラスは来ません（笑）。それに山の中のカラスは静かなんですよ。刺激がないんで、一日中鳴かなかったりする。しようがないんで山の中に行って、こっちから「カアカア」と言う（笑）。

たけし 山の中で先生が一生懸命「カアカア」と言っていたら、登山客に「変なのがいるぞ」と通報されるかも（笑）。

松原 ですから、一応ｉＰｏｄにカラスの鳴き声を入れて、スピーカーを持って再生しています。しかし、機械が壊れた時は地声で鳴くしかないんですね。

たけし それで森の地図をチェックしていくわけですか。

松原 スピーカーがあれば一キロ四方は音が届くから、林道を探して一キロ置きに点をプロットして、そこで「カアカアカア」と音を流して五分待つ。こっちは「おまえの家これから乗っ取るぞ。文句ねえだろうな、こらー」と言っているようなものなので、カラスがいると、侵入者だと思って、縄張りを守るために鳴き返してきます。これで山の中のカラスを探す方法は分かりました。どういう森が好きかというのもだいたい分かった。あいつらは落葉樹が大嫌いなんです。落葉樹林って、虫もいるし他の鳥もいるし、ああいう林が好きなのかなって思ったら実は嫌いでした。

たけし 葉が落ちると隠れるところがなくなるからかな。

松原　多分そうですね。常緑の広葉樹が好きなのは分かるんですが、杉とかヒノキの植林でもいいんですよ。そこまでは分かりました。でも、まだ杉林で何を食べているのかがさっぱり分からない。次の研究課題はそこになると思います。

たけし　今日の話はカラスの研究なんだけど、その研究の裏で、いかにひどい目に遭ったかの話が面白すぎました。おかげでカラスに対する偏見がなくなりましたよ。

（「新潮45」二〇一五年七月号掲載）

この作品は二〇一四年五月新潮社より刊行された『たけしのグレートジャーニー』を
大幅に再編集し、新章を加えたものである。

ビートたけし著

少年

ノスタルジーなんかじゃない。少年はオレにとっての現在だ。天才たけしが自らの行動原理を浮き彫りにする「元気の出る」小説3編。

ビートたけし著

浅草キッド

ダンディな深見師匠、気のいい踊り子たちに揉まれながら、自分を発見していくたけし。浅草フランス座時代を綴る青春自伝エッセイ。

ビートたけし著

たけしくん、ハイ！

ガキの頃の感性を大切にしていきたい——。気弱で酒好きのおやじ。教育熱心なおふくろ。遊びの天才だった少年時代を絵と文で綴る。

ビートたけし著

菊次郎とさき

「おいらは日本一のマザコンだと思う」——。「ビートたけし」と「北野武」の原点がここにある。父母への思慕を綴った珠玉の物語。

ビートたけし著

悪口の技術

アメリカ、中国、北朝鮮。銀行、役人、上司に女房……。全部向こうが言いたい放題。沈黙は金、じゃない。正しい「罵詈雑言」教えます。

藤原正彦著

若き数学者のアメリカ

一九七二年の夏、ミシガン大学に研究員として招かれた青年数学者が、自分のすべてをアメリカにぶつけた、躍動感あふれる体験記。

L・アドキンズ
R・アドキンズ
木原武一訳

ロゼッタストーン解読

失われた古代文字はいかにして解読されたのか？　若き天才シャンポリオンが熾烈な競争と強力なライバルに挑む。興奮の歴史ドラマ。

D・オシア
糸川洋訳

ポアンカレ予想

「宇宙の形はほぼ球体」!?　百年の難問ポアンカレ予想を解いた天才の閃きを、数学の歴史ドラマで読み解ける入門書、待望の文庫化。

B・ブライソン
楡井浩一訳

人類が知っていること
すべての短い歴史
（上・下）

科学は退屈じゃない！　科学が大の苦手だったユーモア・コラムニストが徹底して調べて書いた極上サイエンス・エンターテイメント。

J・B・テイラー
竹内薫訳

奇跡の脳
―脳科学者の脳が壊れたとき―

ハーバードで脳科学研究を行っていた女性科学者を襲った脳卒中――8年を経て「再生」を遂げた著者が贈る驚異と感動のメッセージ。

T・トウェイツ
村井理子訳

ゼロからトースターを
作ってみた結果

トースターくらいなら原材料から自分で作れるんじゃね？　と思いたった著者の、汗と笑いの9ヶ月！（結末は真面目な文明論です）

D・ボダニス
吉田三知世訳

電気革命
―モールス、ファラデー、チューリング―

電信から脳科学まで、電気をめぐる研究と実用化の歴史は劇的すぎる数多の人間ドラマの集積だった！　愛と信仰と野心の科学近代史。

池谷裕二著
脳はなにかと言い訳する
―人は幸せになるようにできていた!?―

「脳」のしくみを知れば仕事や恋のストレスも氷解。「海馬」の研究者が身近な具体例で分りやすく解説した脳科学エッセイ決定版。

池谷裕二著
受験脳の作り方
―脳科学で考える効率的学習法―

脳は、記憶を忘れるようにできている。そのしくみを正しく理解して、受験に克とう！――気鋭の脳研究者が考える、最強学習法。

池谷裕二
中村うさぎ著
脳はこんなに悩ましい

脳って実はこんなに××なんです（驚）。第一線の科学者と実存に悩む作家が語り尽くす、知的でちょっとエロティックな脳科学。

池谷裕二
糸井重里著
海馬
―脳は疲れない―

脳と記憶に関する、目からウロコの集中対談。「物忘れは老化のせいではない」「30歳から頭はよくなる」など、人間賛歌に満ちた一冊。

池田清彦著
新しい生物学の教科書

もっと面白い生物の教科書を！ 免疫や老化など生活に関わるテーマも盛り込み、生物学の概念や用語、最新の研究を分かり易く解説。

池田清彦著
この世はウソでできている

がん診断、大麻取締り、地球温暖化……。我らを縛る世間のルールも科学の目で見りゃウソばかり！ 人気生物学者の挑発的社会時評。

新潮文庫最新刊

小林秀雄講義
国民文化研究会
新潮社編

学生との対話

小林秀雄が学生相手に行った伝説の講義の一部と質疑応答のすべてを収録。血気盛んな学生たちとの真摯なやりとりが胸を打つ一巻。

佐藤優著

いま生きる「資本論」

働くあなたの苦しみは「資本論」がすべて解決！　カネと資本の本質を知り、献身を尊ぶ社会の空気から人生を守る超実践講義。

上原善広著

発掘狂騒史
―「岩宿」から「神の手」まで―

歴史を変えた「岩宿遺跡発見」から日本中が震撼した「神の手」騒動まで。石に憑かれた男たちの人生を追う考古学ノンフィクション。

香山リカ著

さよなら、母娘《ははむすめ》ストレス

母親を嫌いになれない全ての女性たちへ。母娘問題を乗り越えた女性精神科医が贈る、ささやかだけど確かな、6つの処方箋。

澁川祐子著

オムライスの秘密 メロンパンの謎
―人気メニュー誕生ものがたり―

カレーにコロッケ、ナポリタン……食卓の定番料理はどうやってできたのか？　そのルーツを探る、好奇心と食欲を刺激するコラム集。

飯間浩明著

三省堂国語辞典のひみつ
―辞書を編む現場から―

「辞書作りには、人生を賭ける価値がある」。用例採集の鬼・見坊豪紀の魂を継ぐ編纂者による日本語愛一二〇％の辞典エッセイ。

たけしの面白《おもしろ》科《か》学《がく》者《しゃ》図《ず》鑑《かん》

―ヘンな生き物がいっぱい！―

新潮文庫　ひ－11－25

平成二十九年二月一日発行

著者　ビートたけし

発行者　佐藤隆信

発行所　株式会社 新潮社

郵便番号　一六二―八七一一
東京都新宿区矢来町七一
電話 編集部(〇三)三二六六―五四四〇
読者係(〇三)三二六六―五一一一
http://www.shinchosha.co.jp

価格はカバーに表示してあります。

乱丁・落丁本は、ご面倒ですが小社読者係宛ご送付ください。送料小社負担にてお取替えいたします。

印刷・大日本印刷株式会社　製本・憲専堂製本株式会社

ISBN978-4-10-122535-7　C0195